精準寫作

寫作班學員心得*

從深頁十堂釀出一篇好文章

◎吳秉璇（葡萄酒貿易商客服人員）

「寫作是滿足讀者的服務業」，我第一堂課就受到這句話的衝擊。身在葡萄酒的產業中，卻發現這個世界給人好遙遠的距離。原因不僅僅是價格，更多的是神祕感，來自於艱澀難懂的文字，我想讓更多人認識葡萄酒。

我發現，原來寫作就像是釀酒。

很多人說寫作跟釀酒有太多不確定因素，需要天分與運氣。但卓越的酒莊之所以能持續釀出高水準葡萄酒，有著基本的公式，葡萄需要達到的成熟度、發酵的方法、放置橡木桶的時間；而輕鬆易讀的文章，則要有清楚的摘要句、精簡的文字，還有扣緊主題的重點，讓讀者不費力地閱讀。

有這些理論作為基礎，那怎麼釀出充滿香氣的酒呢？

文章需要有豐富具體的資訊來支撐重點。看著老師的寫作筆記，深深感受到平日的累積，遠比運氣重要；就像釀酒師，嚐一口葡萄就知道是否成熟、喝一口酒就知道需要補強什麼。

寫作和葡萄酒看似無關，但連結起來，葡萄酒不再只是葡萄酒。在最後一篇作業中，經過老師的建議，我用三款喝過的酒，代表我在學習葡萄酒路程中領悟的觀念，不僅傳達價值觀的反轉，更讓讀者了解了一些葡萄酒資訊。

寫完後才發現，這不就是我上這堂課的初衷嗎？

老師在課堂上曾提到，有同學說上完這堂課變得更聰明。那我會說，這堂課不僅讓我思緒更清晰，也讓我擁有更獨特的視野。

＊編按：洪震宇老師的寫作教學，始於「深頁十堂寫作課」公開班，以及多個以溝通表達主題的企業培訓課程。以下是八位來自不同專業領域的結業學員，簡要分享他們學習精準寫作的收穫，以及在工作上的應用。

用提問修磨觀點的寫作帶路人

◎吳恩甄（台南市崇明國中／國文科教師）

「上輩子殺錯人，這輩子改作文。」每逢埋頭批閱作文卷，辦公室裡的國文老師總是哀鴻遍野。錯別字、誤用詞語都還好改，若是遇到邏輯跳躍、語意雜蕪的文章，再多紅字都無法精準點出其問題，只能掩卷嘆息。

過去我知道「結構」很重要，但又覺得先分析段落大意的方式，豈不是限制了學生的寫作思路？即使已口沫橫飛講述了起承轉合、總分總、今昔今……等結構模組，學生依舊不打草稿、直覺式地應付每一次命題作文，我們都缺乏先「構思」再下筆的訓練。

用「金字塔結構」整理對事物的理解——這是上了洪震宇老師的寫作課之後，對我幫助最大的學習。

金字塔結構具體而簡明地提取一個主論點及三項重點，避免迷失在細說從頭的時間軸線裡。寫作打草稿時，先把關鍵字詞拉到金字塔最上層，再請學生討論下面要用哪三個例證來支撐，排序的邏輯為何。等到師生頭腦裡內建了金字塔圖像後，即使手邊沒有文稿，依然可以跟學生討論文章的比重、分析內容層次。參加徵文比賽、即席演說的學生，學會金字塔結構後更容易聚焦重點；運用在課堂口頭發表與回饋上也相當實用，可避免岔題。

更奇妙的是，這個寫作結構是從自己的故事中「長」出來的！洪震宇老師並未把自己塑造成「神人」級的講師，一味提供範文傳授技巧，而是像個「帶路人」——藉提問修磨觀點，讓同學彼此激盪。從沙礫裡挑出貝殼，有層次地串起來之後，原來每個人的生命經歷都是如此珍貴且值得書寫。

學精準寫作，寫出你的專業形象

◎葉懿心（華碩產品經理）

十多年前我還是產品經理嫩咖時，尚未察覺寫作對產品企劃的重要性，天真地以為，文案工作者才需要流暢的寫作能力……

四年多前，進了華碩被會議紀錄、產品提案、競品研究等文件壓得喘不過氣。甚至因為email文句不通，讓老闆同事看了一頭霧水，發信後花了數十分鐘說明，才驚覺產品經理更需要精準的寫作能力，讓溝通更有效率，才不會落入加班地獄，甚至影響主管對你的評價。

這便是我報名「深頁十堂寫作班」的契機。

這十堂課帶領我突破寫作恐懼，走出條列式文字的溫室。

我學會，寫作從不寫作開始。先制定寫作策略，接著整合、解構、重構想法資料，歸納主題與其呼應的重點以描繪出文章骨架，再依序填補具體生動的情節論證作為血肉，最後構思引言畫龍點睛，就能交出完整又具說服力的文章。

走出寫作溫室後，不僅加快了郵件、簡報的撰寫速度，文件修改次數銳減，也讓我屢次被主管稱讚「很會抓重點」、「邏輯清楚」。

身為上班族的你，千萬別懷疑練習寫作的CP值。雖然KPI和面試不是看作文分數來評比，卻是增進你思維深度與溝通能力的加速器，請大家務必向洪老師學習寫作，寫出你的專業形象。

把寫作變成一部電影

◎張忘形（溝通表達培訓師）

在上洪老師課之前，我就已經是常在網路上發文的作家。但我常常遇到一個問題，就是常有讀者反映字太多了，所以懶得看下去。這個問題困擾了我很久，直到聽到洪老師的課程，我把它用電影來比喻。

首先，預告片要精彩

這個關鍵，就是老師上課說到的「摘要力」。能不能夠在第一句話就讓對方知道你想表達的部分。例如在我寫這篇心得的時候，我就用了把寫作變成一部電影，就能夠引起好奇。而接著我的每一個想法都有一個小標題，促使大家很想繼續看下去。

接著，電影結構要分明

當我們在看電影的時候，總是希望每個片段都很精采不沉悶。而寫作也是一樣，如果結構很亂，讀者在看的時候就會覺得非常痛苦。所以老師使用了金字塔結構法，運用抓到最重要的三個點，讓每個重點既清晰，又有邏輯。

最後，電影劇情要感人

在電影中我們之所以會被感動，那是因為電影演出了我們想做卻很難做到的英雄，或是發生在你我身邊的愛情故事。而寫作也是一樣，文字中要有具體細節，並且運用生活中的比喻，讓對方能馬上感受。

結論：好奇＋結構＋細節＝好文章

所以我認為洪震宇老師這堂課，如果用三個重點來說，就是先引發好奇，再用好的結構讓文章條理分明，再用真實的細節來打動讀者。而這也是這篇心得的寫作方法，相信你讀完這本書後，也可以精準寫出好文章！

寫作從「不寫作」開始

◎蔡宗翰（消防員、TED×Taipei講者、
《打火哥的30堂烈焰求生課》作者）

每當我有心想學好一件事，最重要的祕訣之一，就是直接跟該領域的TOP學習。因為你可以用最快的時間、掌握最關鍵的核心技能，然後透過努力，用產品思維輸出具有市場價值的作品。簡報如是，演講如是，寫作亦如是，而洪震宇老師，就是我在寫作之路上的一盞明燈、一座標竿。

談到寫作，很多人認為文章要寫得好，最重要的是文筆，而洪老師的那句話「寫作從『不寫作』開始」，指的是寫作能力考驗的是你的思路是否清晰，能想得清楚，就能夠寫得清楚。

洪老師是少數跨越財經、時尚與在地生活的創作者，他豐富的文字運用、底蘊及影響力令我深深著迷，很高興洪老師在兩年前開了「深頁十堂寫作課」，我很榮幸成為早期的學員之一。課程中「打開詩人之眼」及「創意思考九宮格」令我記憶猶新且受用無窮，也成為我撰寫第一本個人著作《打火哥的30堂烈焰求生課》時，不斷回顧與應用的寫作方法。

寫作是成本最低的自我提升方式。我也相信，想讓你的文字更有吸引力，是一門可以

傳授的心法、一套可以習得的技巧。我認為活在網絡社群時代的每一個人，都應該學會怎麼寫作，而這本書就是你寫作之路的成長加速器。

人人都該練的有效溝通術

◎趙舒怡（家庭主婦／兼職文編＆企畫）

「讓零碎的時間變得有價值！」這是上完「深頁十堂寫作課」，對我最大的影響與收穫。

身為兩個孩子的媽媽，日日周旋於孩子的食衣住行，還奢望擠出時間做自己喜歡的事：兼職文字編輯。上完寫作課後，我發現時間不必「擠」才有，而是善用「不寫作」的時間，來整理關於「寫作」的脈絡。

十堂課的修煉，將「寫作的方法與結構」內化在心，讓我在零碎時間都在腦中進行寫作的整理。因此，真正坐在電腦前的時間變短了，產出的內容也更精鍊。

先想好，再寫作，將複雜的內容以簡單的方式呈現。我將這樣的技巧，分享給面臨「短文寫作」的小學三年級女兒。

「妳看喔，這是『魔法金字塔』」，我以輕鬆俏皮的口吻，將寫作的結構畫給女兒看，並不斷引導與提醒：先想好，再開始寫。從前枯坐在書桌前擠不出一個字的孩子，經過幾次練習，現在每週的短文寫作已經可以獨力完成。

洪老師的「寫作課」讓我對「寫作」有了更廣的定義：「寫作」並非特定職人或學生的課題，而是人人都該有的一套「有效溝通術」。從日常的人際溝通、社群交流，到工作上的文件往來、簡報提案，甚至行銷企畫，這套溝通術都可以讓人更事半功倍。

讓寫作不再是只有寫作

◎林凱彥（國中老師）

我是一名國中老師，也是深頁十堂寫作課第一期的學生。結業後，我持續將課程內容不斷反芻和運用，以下是我的改變。

同理心大幅提升

洪老師不斷強調，寫作是一種服務業，文章要讓讀者「看得懂」。於是我提醒自己說的每一句話都要先站在對方角度想想，是不是能讓他聽得懂？讓彼此達到雙贏的結果？

這樣的習慣，不自覺讓自己成為高同理心的人，漸漸地，「貼心」兩字也離自己愈來愈近。

抓重點能力的增進

洪老師很重視摘要句，也就是快速讓人理解你在說什麼。能自由運用摘要句後，無論在閱讀、溝通和討論時，都能快速抓到重點。

我也將此運用在訓練學生閱讀和瞭解題目上：先讓學生閱讀文章，理解分段的大意後，下一個合適的標題，再公布原作者的標題，比較兩者間的差異，藉此訓練摘要力和下標力。

思考能力的強化

洪老師說：「文章寫不清楚，就是自己沒想清楚。」每次下筆前我都會問自己：「我到底要說什麼？」先和自己開會確立觀點，再用精準的文字表達。

這種思考模式用在教學及班級經營很有效。將思緒整理過後，就能條列式地告知學生該遵守的規範及要求的標準（不超過三項），再做結論當重點提醒。學生便能明確知道下一步，師生就能在同一個頻率上有效溝通。

這堂課雖然叫「寫作課」，實際上卻培養了我的各種能力。洪老師讓寫作不再是只有寫作。

大腦和心智的馬拉松

◎馬致恆（文字工作者）

「你不是已經在寫字了，為什麼還要去上寫作課？」身為文字工作者，在寫作課期間常遇到有人這樣問，而每當腦力不支或懶病發作，我也常問自己：「究竟我想從這十堂寫作課裡得到什麼？」

這十堂課非常扎實，洪老師不但教，還鼓勵我們在課堂上對話，並針對討論立即拋出質疑、或是提出更能優化內容的建議，引導我們立即使用新學的方法，重新說出原本想要說的故事。就像運動，有示範也有實作，才能兼顧強度和深度。

每次上課大腦都是一陣炸裂，不斷打掉重練，讓大腦記得這個新模式。很挑（痛）戰（苦），也非常真實。而且爽快。

某次上課時，老師說的我怎麼聽都搞不懂，「別的同學都進入狀況了，為什麼我是寫字的人，卻卡在這裡？」整整一禮拜我都很低潮，下次上課時我鼓起勇氣和老師說起困境；「沒關係，今天我們會用另一種方法來練習，」老師說：「只要你想學，我會一直教到你懂。」

關於寫作，我學到了先回到初衷：我最想說的是什麼？要用什麼樣的方式和架構來說？想說給誰聽？十堂課的過程，就像是一個追尋解答、不斷卡關又破關的過程。腦袋常常很痛，偶爾信心崩盤，但洪老師就像是堅定嚴格的教練加電力超滿的啦啦隊，也身兼配速員，陪大家一起跑完這場十個禮拜的馬拉松。

洪震宇 著

精準寫作

精鍊思考的20堂課，
專題報告、簡報資料、企劃、文案都能精準表達

目錄

Content

前言

寫作，人人必備的基本能力

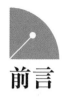

我曾是驕傲的寫作者。

寫作，的確是一種容易讓人驕傲的能力，那代表只有少數人擁有知識跟表達的能力。十年前，我離開媒體工作，我想知道，除了寫作之外，人生還有什麼可能性？

不寫作的時候，我反而學到更多。我要大量接觸不同的人，穿梭在各種場合，從市場、廟口、田裡、海邊、餐廳、演講廳與教室，我需要打開感知天線去了解旅人、聽眾與學員的需求，哪裡開心、哪邊失神、為何感動。這些在現場的真實回饋，幫助我不斷修正調整，精進自己的表達與引導能力。

寫作反而是我的副產品。十年來，我出了七本不同主題的書（包括這一本《精準寫作》），這是滿足我的好奇心、想了解這個世界、跟世界溝通的一種方式。

我的寫作能力也隨著時間持續改變。記得我在誠品講堂開設一門「日常生活裡的文創人類學家」，這是我把人類學方法，應用在企業創新、旅行、餐飲與說故事領域的十堂課。與我合作的出版社編輯，當時也參與了其中一堂課，她在現場突然覺得寫作的洪震宇，跟講課的洪震宇是截然不同的人。她還問在場的聽眾，能否比較出兩者的差異？她認為，前一種的洪震宇思考很多，文字比較厚重，後一種的洪震宇節奏很快，內容生動有趣，不僅引導聽者思考，也能打動內心。

我當時並未仔細思考兩者的差異。後來陸續又出了幾本書，文字表達更簡潔生動，我才領悟，在現場面對旅人、聽眾與讀者累積的經驗，無形中更精進了我的寫作能力。

首先是節奏。行文速度輕快有力，想法或故事要一路推進，才能讓人一頁接一頁看下去。其次是簡單。不過度雕琢文字，文句變短，文字簡單具體好理解。第三是鋪梗製造意外。經常模擬讀者感受，思考如何製造閱讀樂趣，讓他們驚訝、好奇與期待。

意外的寫作教學旅程

但是，我會變成一位寫作教學者，真的純屬意外。

有一次我出席講座擔任講者，一位出版社副總經理想邀請我開作文課，我當時很疑惑，現在還有人要學寫作嗎？我會寫作，但不知道如何教寫作，因此婉謝了朋友好意。

直到有一天，我陪小二女兒寫國語習作，發覺課本內容與題目很死板，一直在背誦成語跟造句，這樣的填鴨式教學，無法讓孩子理解、聯想與活用。我突發奇想，如果我來教國語會怎麼教？如果教寫作，該如何教起？

有了念頭，就開始行動。我當下列出教學課綱，經過反覆修正，發現這套寫作流程與方法不僅能教小孩，還能教大人。

同時間，我也尋找輔助教學的參考書。我翻閱了市面上各種寫作書，卻發現沒有一本能夠滿足我的教學需求。在我看來，它們的問題是：第一是沒有系統化，不易應用。這些書談了大量的技巧與觀念，但是實際運用時，不是過於零碎，就是太過抽象，造成已經嫻熟寫作的人不需要讀，而無法掌握寫作的人，卻無法應用與模仿。

其次，這些寫作書當中，要不是以銷售為目的的文案寫作，就是應付考試的作文書，卻忽略了職場上溝通表達的寫作技能。不管是企業內部溝通、或是斜槓工作者，甚至是固定撰文發表意見的人，都需要一套有系統、循序漸進引導的寫作方法，幫助寫作者撰寫與論述，有效傳達與說服。

我認為，論述才是寫作最重要的能力。當我們能把想法、經驗統整聚焦，以簡潔有力、條理分明的方式表達，就能說服他人，進行有效溝通。

解決寫作問題

二〇一八年，我嘗試跟澄意文創合開「深頁十堂寫作課」公開班，竟然吸引不少上班族報名。原來不少人都有出書的目標，或是撰寫公文、部落格，以及寫文章與顧客溝通的需求，甚至找尋未來斜槓的機會。因此，他們願意花十週的時間，下班之後來學習寫作，而且一連開了十三班。

來自各專業領域的學員，共同問題是不擅長用文字表達，平常沒時間認真思考，導致文章寫得乾澀破碎，不然就是填滿各種網路資訊，看似內容豐富，實際上無比空洞。

即使是媒體工作者，寫作也遭遇不少問題。我曾帶領一家知名財經雜誌年輕記者學習寫作，課前閱讀大家的初稿，歸納出三個寫作問題：第一、觀點不清楚，文章缺乏結構；第二、沒有消化每段要寫的重點，導致數據太多，堆積了很多內容，讀者卻不容易掌握重點；第三、文章不夠深入，缺乏精挑細選的細節與例子，無法讓讀者印象深刻。

這些問題，也是大部分職場工作者的問題。寫作是一種思考與溝通表達的能力，需要將複雜的資訊與事物重新消化整理，以有邏輯條理的方式，一字一句、一段一段精準地傳達出來，幫助他人理解，達到有效溝通與說服的能力。

隨著大環境的改變、社群媒體的興起，當人人都可以直接對外界溝通時，寫作就不是少數人的特權，而是基本的溝通能力，只要你需要溝通表達，就需要寫作能力。

然而會寫作，並不等於會教寫作。我除了開寫作公開班、以及帶領好幾個媒體的寫作課，加上在企業教精準表達力，也是應用寫作課的金字塔結構（請參考第8課），另外又錄製過線上寫作課，這些不同對象、不同教學介面累積的經驗，讓我萃取出更有效的教學方法，能夠解決大部分學習寫作的問題。

這本《精準寫作》的定位，主要針對職場工作者的寫作需求，他們不要求複雜的寫作技巧，而是簡潔有力的精準溝通，這需要有系統的方法，才能有效應用。這本書也希望成為所有寫作書的基礎，讓寫作者掌握基本功之後，再去強化其他技巧。

這本書的主軸是精準寫作，具有三個重點，分別是**「精簡」**、**「精巧」與「精深」**。精簡是文字要簡潔好讀，讓人好理解；精巧是表達要生動有趣，才能吸引人；精深則要有文章深度，讓讀者有收穫，達到深入人心的目的。

為了幫助讀者提升精準寫作力，這本書成三部分，讓讀者能循序漸進地練習，分別是精準寫作的力量、精準寫作的技術，以及精準寫作的應用，每堂課都有課後練習作業，希望從概念、方法與應用來幫助讀者學習寫作基本功。這本書的示範案例，主要來自我的著作，加上公開課課堂上討論的案例，以及學員的練習內容，讓讀者更容易參考運用。

寫作是未來必備的能力

我認為，寫作不只是溝通表達，已經是未來必備的能力。《進擊：未來社會的九大生存法則》就強調，美國小學生現在不只要學習寫程式，同時也很重視寫作教育，這是每個學科的根基。「我們教孩子寫作是因為寫東西可以幫助你學習。我們用寫來表達我們的思想，同理，我們也用編程（註：寫程式）來表達我們的思想……教人們編程的主要目的並不是幫助他們找到工作，雖然，這是個很棒的副作用。事實上，教人們編程是教他們思考。」

寫作跟寫程式一樣，需要嚴謹的邏輯思考，才能進行精準有效的溝通。每一行程式都必須扣緊主題，環環相扣，才能編寫出程式碼，驅動硬體運作。同樣的，寫作上每一段的內容、段落之間的邏輯關係，就跟每一行程式一樣，必須清晰有條理，才能達到溝通的效果。

寫作教我的事，就是保持好奇、觀察、思考與表達。只要具備這些能力，就能勇往直前，不怕被時代淘汰。我也把這套寫作方法傳授給唸小學的女兒，培養她們進擊未來的能力。

對我來說，我不只是寫作教練，仍持續在寫作的路上前行。因為我有許多主題想探索，需要透過寫作跟這個世界溝通，我的寫作旅程，才剛開始起步。

我更相信，各位讀者只要一步一步持續練習精準寫作，也能創造自己的奇幻旅程。

第一部

精準寫作的力量

第1課

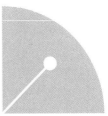

寫作，
簡潔傳達你的見解

這是寫作者崛起的時代。

許多人在網路、部落格、社群媒體書寫，表達自己的想法；或是當小編，透過網站、電商來行銷，展現專業，經營自己的事業。

我們也運用文字與照片，在網路上呈現私底下的日常生活。「我們有前所未有的機會將寫作融入日常生活。現在大多數人的手指幾乎整天都離不開鍵盤，二十五年前可不是這麼一回事，」《微寫作》指出，「現在我們寫作不是為了接受某種評鑑，而是為了溝通、娛樂、遊說，或是為了贏得他人的注意。」

從唯讀文化到讀寫文化

過去，寫作被認為是少數菁英的職業；甚至在十多年前，寫作還被視為只是為了應付考試，跟我們的生活與工作無關。在二〇〇七年數位科技大爆發之前，當時智慧型手機、臉書與Twitter尚未推出，網路只有部落格，書寫者很有限，大多數人仍處於被動接收訊息的狀態。

那時的電影、電視、報紙、書籍與廣播，都是單向傳播給消費者、讀者，人們只能被動觀賞、閱讀與聆聽，這是一種無法主動參與的「唯讀文化」，最多只有讀者來函、讀者投書，可以表達的管道很有限。

數位科技大爆發之後，結合電腦、手機與網路科技的交會力量，寫作的門檻變低，讀者從被動的「唯讀文化」，到主動參與的「讀寫文化」。人人都能寫作，都能成為自媒體，不用投稿與審稿，想寫就寫，想貼就貼，只要文章有趣有意思，自然就會有讀者按讚與追隨。

注意力經濟的兩難

然而，這也是寫作者被淹沒的時代。

我們清醒的時候，幾乎都在閱讀，也隨時都能寫作，發表意見。「部落客和他們的讀者顛覆了注意力產業的生態——言論和注意力都被民主化，『大家』都有機會當講者和觀眾。」吳修銘（Tim Wu）在《注意力商人》中這麼評論。

人人都在爭奪大眾的注意力，希望創造自己的注意力經濟。我們身處資訊充斥的世界，有各種出版品、各種類型的文字作品，這不再是一個小池塘，而是流速日益湍急、河道日益寬廣、水流越來越強勁的大河。

讀者的注意力被大量的零碎訊息切割，無法專心聚焦。身在其中的寫作者，更被洶湧而來的其他競爭文章給淹沒。網路小編每天都要固定大量發文，不然就會被更多的文章洗版，成為資訊洪流的泡沫。

網路讓我們自由，也讓我們不自由。網路讓我們得以自由書寫，找尋大量資料，充分表達自己的特色與想法；相對的，也讓我們陷入注意力商人鋪天蓋地的消費大網之中，好像人們只能成為被操弄的消費者。

《網路讓我們變笨？》說明，網際網路鼓勵我們用打游擊的方式採集細碎的資訊，並且不斷被各種訊息干擾，加上習慣快速略讀，失去了專注與沉思的能力，也將思想和記憶交付給強大的雲端系統，我們身而為人的知性與感性，正在慢慢消逝。

然而在網路經濟下，又打開了許多兼職、斜槓與一人公司創業的契機。除了透過部落格、網站、社群媒體來書寫表達自己的想法、專業，或是推銷服務或產品，也有更多人想透過寫作來進行自我探索，傳達自己的興趣、熱情，跟更多人交流，找尋各種改變現狀的機會。

與其成為被動的消費者、閱讀者，不如成為主動積極、運用深度思考的寫作者。藉由有組織的輸入與輸出的寫作過程，增加思考厚度，不人云亦云，才能有效抵禦注意力商人的操弄，透過寫作建立更多的正面連結，開拓自己人生的疆域。

以精準寫作創造影響力

我們該如何運用寫作來強化深度思考？

《眾媒時代，人人該如何做內容》分析了上百萬篇樣本，歸納出文章被大量分享的四個原因：**文章具有結論與清楚的觀點、長篇大論更容易被分享、引發讀者情緒變化**與**有影響力的內容**。

從這個結論可以發現，被大量轉發的文章，是兼具理性論述思考，以及感性連結的寫作力，我稱為「精準寫作的技術」。

精準寫作是什麼？

精準寫作跟一般寫作、文案寫作有什麼差異？我認為精準寫作著重在，**對讀者有精準的溝通效果**。包括有明確的觀點，清楚的邏輯、文章有結構，內容具體，文字簡潔有力，能夠站在讀者角度，滿足讀者閱讀的需求。

精準寫作可以拆解成兩個角度。首先是「精」，有三個特色，分別是「精簡」、「精巧」與「精深」。精簡是文字要簡潔好讀，讓人好理解，精巧是表達要生動有趣，才能吸引人，精深則要有文章深度，讓讀者有收穫，達到深入人心的目的。

另個角度是「準」。準在於重視讀者需

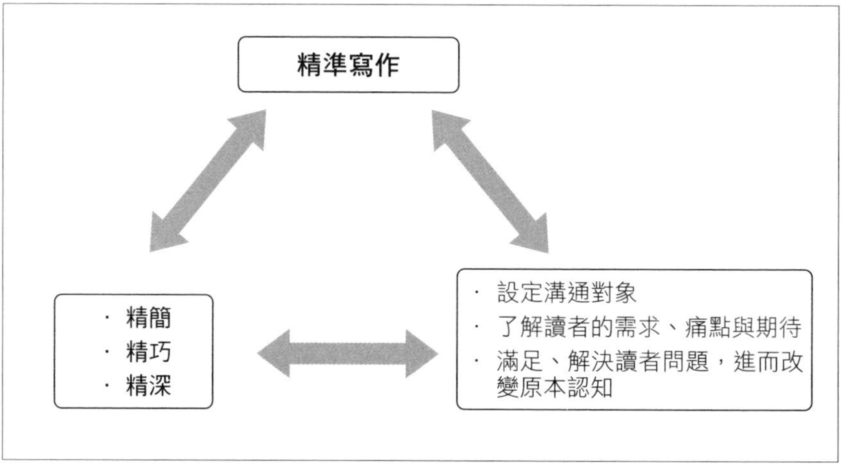
精準寫作
· 精簡
· 精巧
· 精深
· 設定溝通對象
· 了解讀者的需求、痛點與期待
· 滿足、解決讀者問題，進而改變原本認知

表1-1，精準寫作的定義

求與感受，前提是要先設定溝通的對象，接著站在讀者角度思考，了解讀者的需求、痛點與期待，再來設定文章如何能滿足、解決讀者的問題，進而改變原本認知。經過深思熟慮之後，才能將寫作的「精簡」、「精巧」與「精深」三個特色，徹底執行到位。

在這個前提下，精準寫作首重精確的邏輯表達，論理清楚，挑選重要細節、數據與例子，讓讀者了解、產生認同與共鳴，而非只是美感文字的修飾。

長文寫作對抗淺薄思考

寫作是心智綜合能力的呈現。有英文寫作聖經之稱的《寫作風格的意識》，就強調寫作之難，在於如何把零散抽象如網狀的想法，透過有層次的樹狀結構，展現在一字一句依序出現的語句中，讓讀者有效解讀。

學好寫作，就能學好思考。寫作是掌握點線面的思考能力，作者要先把自己的想法整理清楚，才能運用寫作技巧，精確地傳達給讀者，幫助他們理解，達到有效溝通說服的效果。

網路時代，更需要學習運用精準寫作傳達的長文寫作，來對抗淺薄思考。資深編輯康文炳在《深度報導寫作》指出，現代人用文字溝通的機會增加，但也讓寫作更零碎化、淺薄化、草率、不深刻，長文寫作成為瀕臨失傳的技能。

文案寫作與簡報思考的盲點

目前職場關於寫作應用的能力有兩種：文案寫作與簡報技巧。這兩種技巧雖然以溝通為目的，操作上卻容易產生內容零碎化、片面，和不深刻的問題。

寫文案前的打磨功夫

我觀察市面上各種關於寫作的書籍、線上或線下課程，都是以推銷商品、講求變現吸睛的文案寫作為主。人人都想當注意力商人，學習廣告行銷的寫作套路，希望迅速就能透過文案來行銷變現。

然而，看似精簡的文案，背後卻需要強大的寫作與思考基礎。寫文案之前得做扎實的功課，包括了解產品、市場趨勢，接著再切入消費者定位、產品定位，有了完整想法之後，再來則是如何用簡潔有力、不花俏的文字、標題，迅速攫取讀者的注意力，進而打動內心痛點，這是一個很精密的打磨過程。

現在大家想學習的文案寫作，卻是形式上輕薄短小的行銷文。如果大家只學習這種文字書寫，就難以顧及內容要有結論與清楚的觀點、以及引發讀者情緒變化的效果。我認為，這才是一篇深具影響力的文章該有的元素。大家應該先打好寫作基礎，再學習短文案技巧，就不會有所失衡。

簡報思考容易片段化、聽者難以整體思考

再者，是上班族最喜歡學習的簡報技巧。簡報其實跟寫作不同，是以一張張投影片為單位，運用圖片與簡單文字，每張傳達一個訊息，我稱為「簡報思考」。

我在實體的寫作課上，一位數位金融專業的學員告訴我，她可以快速製作簡報，卻不會寫作，即使要將簡報訊息組織成有條有理的文字，也不知該從何著手。這個問題出在只用一頁頁投影片的片段思考，而非整體的結構思考。

簡報思考除了造成片段化的問題，也容易出現聽者無法完整思考的問題。因為每張投影片都是快速傳達重點與結論，聽者很容易看到下一張就忘了前幾張的重點，甚至會抓不到報告的整體脈絡，當下好像聽懂了，結束後卻無法有效回溯思考。

亞馬遜推崇的寫作思考

亞馬遜執行長貝佐斯每週要參與公司內部幾十場簡報會議，發現會後重新閱讀內容，卻不知道想表達什麼，因此貝佐斯規定，不准員工在會議上使用投影片。簡報內容要以文章形式呈現，讓與會者只要閱讀資料就能理解。

貝佐斯進一步要求，簡報者只能用最少一頁或最多六頁的A４紙呈現內容。簡報者必須先有清晰深入的思考，用完整方式表達自己的思想，也就是要構思主題、目的、對象、重點與如何說服，有開場，有結論，接著一段一段、一字一句寫出來，這其實比PPT難

寫。

亞馬遜會議的變革，說明了用「寫作思考」來改善簡報思考的問題。「在亞馬遜，能否邏輯清晰、簡潔有力地寫出一篇文章，是非常重要的能力，」《Amazon的人為什麼這麼厲害？》寫道。

不管是簡報思考或寫作思考，關鍵都是思考。**先思考，再寫作**，傳達清晰有邏輯的想法，幫助聽者和讀者擁有完整脈絡、了解重點，理解整體內容，就能被你的主張跟結論說服。

寫作就像蓋房子，不是玩裝潢

知名高中公民教師黃益中的著作《向高牆說不》，曾描寫一個奇特的寫作現象。他受邀擔任某基金會徵文比賽的評審，看了一百多篇稿件，內心很納悶，為什麼九〇%的文章都很像？

雖然黃益中沒提到徵文題目，但我猜想主題應該跟感謝、感恩有關。作者說，細看之下，這些文章都運用了「起、承、轉、合」的模式。文章開頭的「起」，會敘述作者的問題與缺點；接著進入「承」的階段，發生親人或寵物往生；再來是「轉」，作者的頓悟或悔悟；最後的「合」就是感謝，要成為「做一個更好的人」。

然而，評審最後選出的前幾名，並沒有採取上述的模式，內容簡單明瞭，讀來自然真誠不矯情。黃益中認為，作文已被考試限制得太深，從老師到學生都被局限在「起承轉合」的框架裡，更限制了學生的思考，生出一篇又一篇匠氣十足的摹本。

「台灣學生每天的上課時數是全世界最久，結果只能寫出『摹本』，這不是很可悲嗎？」他強調。

別再「作文」了

摹本的出現，不一定是起承轉合的問題，但反映出寫作者硬生生地套用範文，無法自行活用，導致內容千篇一律。

我們目前的作文教育，比較偏向文學性表述，缺乏以思辨為主的理性論述。作家楊照在專欄文章〈學習論辯、說服，別再「作文」了〉寫道：「我們的作文考的，就真的是『作文』，不是形成思想、表達思想、並努力試圖說服別人接受你的思想，而是一套固定運用文字的模式，對這套模式越熟練，用了越複雜的句法，越多的成語，就能得到越高的分數。」

訓練邏輯，而非只求文字美感

若想要掌握在職場上好溝通的精準寫作技術，首先應該是訓練我們的邏輯，而非只是文字美感。在寫作過程中，作者需要區別**客觀事實**與**主觀想法**，要根據不同資料、訊息與事實，進行推論與證明，來建立有說服力的論述。

《邱吉爾與歐威爾》就引述邱吉爾對寫作的見解：「寫書與蓋房子無異。」寫文章需要先打好地基，再把素材組合起來，房子才會穩當。他會思忖整句話的重要性，接著思考段落的構成，哪些段落「必須像火車車廂的自動聯結器一樣相互配合」。

目前的寫作教育，卻不是在蓋房子，反而像室內設計的裝潢，講求美感、細節、造句及修辭，而非想法、主張、論點與邏輯。如果不先蓋好房子，要怎麼做室內裝潢呢？這個問題也造成我們無法把寫作應用在職場上，甚至讓人畏懼寫作。

訓練獨立思考

精準寫作也是獨立思考的訓練。寫作不是自說自話，而是有效的溝通對話，作者不能只是大量複製、引用他人的內容，需要有自己的觀點。在呈現個人獨一無二的想法之前，需要仔細瞭解他人的觀點與立場，從中找出可能的缺失與不足之處，再提出新的看法。

練習觀察與感受

精準寫作同時是觀察與感受的訓練。寫作不只需要讀書、找資料，更要學習採訪、溝通、提問與觀察，對世界充滿好奇心，能夠自主尋找答案，再透過寫作將自己的想法和觀察組織起來，有效傳達溝通。

《一九八四》作者歐威爾發表的最後一篇文章，是對邱吉爾的回憶錄第二卷〈最光輝的時刻〉所寫的書評。他認為，邱吉爾基本上是一名記者，即使他沒有過人的文學長才，也有扎實的文筆。他還有一顆永不停歇的好奇心，對具體的事實和動機的分析都很感興趣。

我們都可以成為現代的邱吉爾。只要掌握精準寫作的技術，寫作者就不會被時代淹沒，還能創造自己的時代。

回顧與練習

這堂課教大家運用思考力培養寫作力。構思寫作的過程就像蓋房子，要有穩固的地基與扎實的結構。

練習1 **精準介紹自己：**請你想一想，能否用三個特色說明自己的專業，讓普通人快速了解你的專業，主要是解決什麼問題？

練習2 **了解自己學習寫作的目的：**請想想，你希望透過寫作達到什麼目標？是傳達專業影響力、銷售自己的產品或服務，還是自我探索，或是留下日常生活的紀錄？這樣才能有明確的需求與問題意識，幫助你聚焦每堂課的課後練習。

第2課

寫作，
滿足讀者的服務業

你有沒有想過，你的讀者長什麼樣子？他會如何閱讀你的文章？逐字逐句細讀，還是滑動手機頁面快速瀏覽，跳過你用心耕耘的字句？

十五年前，我擔任財經記者時，主編過好幾年的《天下雜誌——一千大特刊》。這本刊物調查報導台灣每年營收排名最高的前一千大企業，得蒐集與查核數千家企業的財務數字，還要採訪傑出企業，寫出扎實的分析，並預測未來趨勢。

有一年出刊之後，我想了解讀者怎麼看這本讓我們耗費心力的作品。下班後，我在誠品敦南店雜誌區站了三個小時，觀察讀者如何挑雜誌、翻雜誌，如果拿起這本特刊，他會瀏覽哪些內容，會看多久？會買這本刊物嗎？

那天我細數有三十多位讀者拿起這本刊物翻閱，有人捧著細讀，但大部分人都只是翻翻，查看排名，瀏覽幾篇文章，結帳的人不超過十位。

那次的經驗震撼了我。我們在編輯會議談起讀者需求，講得都頭頭是道，其實根本就沒觀察過陌生讀者——他們怎麼讀你的文章？從哪裡開始看？記者重視的內容，就是讀者在意的內容嗎？

讀者的時間永遠比你寶貴

我在自己開設的寫作課第一堂，都會提供從網站下載的兩家知名企業的簡介，先請學員讀完，並發表意見。大家的共同感想是，除了企業名稱不同，其他內容都大同小異，其中出現很多抽象的用語，例如創新、永續、卓越、競爭力來強調自己的公司特色，再來就是有很多介紹各種產品或計畫的專業術語。

我會問大家，這個公司簡介是要寫給誰看的，讀者是誰？是員工、客戶、投資人，還是想應徵的人？通常大家的回應都是「寫給老闆一個人看的！」接著轟然大笑。

半小時之後，我再請學員複述公司簡介的重點，大部分的人都忘了，因為內容裡沒有具體、又能留下記憶的重點。

《少說廢話：36秒就讓人買單的精準文案》認為，文章的「意義比例」決定溝通成效，意義比例＝有意義的詞彙量／全部詞彙量，如果文章有一半的字詞不具意義，就會阻礙理解，理想的文章意義比例至少要達到八〇％，才能讀得下去。

讀者花了時間看完文章，結果一無所獲，甚至記不住，要責怪讀者，還是寫作者？

站在讀者的立場寫作

《少說廢話》強調，寫作的唯一鐵則，就是「讀者的時間比你的寶貴」。「因為這個世界充滿了廢話，我們也被意義模糊又拐彎抹角的雜燴文章給淹沒了。」作者喬許．柏納夫（Josh Bernoff）說。

我們不尊重讀者，讀者也不會尊重我們。除了寫私密日記是跟自己溝通之外，寫作都是針對特定的讀者溝通，不論是同事、主管、大眾，還是顧客，每個人的需求、立場都不同，了解對方的期待與需求，才能在他們的腦中烙下我們想傳遞的訊息。

因此，寫作就是滿足讀者的服務業。若想讓讀者重視你的文章，就要寫出滿足他們需求與期待的內容，幫助他們理解、讀懂你的文章。

不要陷入專業的自戀

我每次的寫作課，總是會開宗明義地說「寫作就是滿足讀者的服務業」，學員都非常驚訝。在他們的認知中，寫作不就是寫出自己的感受，跟著感覺走，想到哪，寫到哪，怎麼還要去思考如何服務讀者？

一直到學員互相討論彼此的文章作業時，才發現讀者（其他學員）看不懂自己想表達的內容，就跟那些企業簡介一樣，得到「看不懂、記不住」的評語，大家才體悟到，要先換位思考，從讀者角度來檢視自己的文章，否則永遠是自說自話，無法進行有效的溝通。

寫作前沒有先設定溝通對象，導致寫出無效溝通的文章，主要有兩個原因：第一是傳統寫作教育沒有教我們認識讀者，站在讀者的角度思考事情；第二是我們被自己的專業給蒙蔽，缺乏同理心。

《美國讀寫教育改革教我們的六件事》這本書，引用美國國家教育學院提出《成為閱讀者國家》的報告，美國過去只教文法、字句的寫作教學，並沒有提升學生的寫作能力，只有讓學生針對特定讀者、從事更多有具體溝通目標的寫作，才能進一步學習寫作。

「寫作的第一課，不是起承轉合，而是認識讀者。……是指練習寫作時，學生應該是在面對真實、或假想的特定對象發表自己的意見。」《美國讀寫教育改革教我們的六件事》強調。

我們的寫作教育設定的讀者，可能都是國文老師、閱卷老師，這是一種上對下的評分，而非水平多元的想像，導致我們缺乏對各種讀者的想像，更難具體對話。

此外，我們也經常不自覺就寫出太多抽象、充斥專業術語、意義比例太低、讓讀者無法理解的文章。《寫作風格的意識》強調，這是「知識的詛咒」，因為過多的專業知識，讓作者無法想像與感受別人跟我們的差異，自戀地描述他們行內著迷的事，沒有充分給予背景知識，幫助讀者理解。這個結果造成專家被自己的知識給詛咒了。

作者有責任要用深入淺出的文字，幫助讀者了解問題，並提供具體建議。愛因斯坦就曾說過：「如果你無法簡單說明一件事，就表示你對它了解得不夠。」

以縮短理解時間為目標

寫作要服務的對象，並不好伺候。因為讀者的注意力有限，電腦、手機螢幕上又時時有其他競爭者在搶奪注意力，偏偏寫作需要引導讀者全心投入，既要抓住他們的注意力，又得讓他們願意花時間深入閱讀。

最大的關鍵，就是能不能幫讀者「省時間」。省時間不是真的節省閱讀時間，而是縮短讀者理解的時間。當讀者看不懂、不了解、需要花腦力解讀時，很可能就會跳離，馬上離你而去。

法國認知心理學家史坦尼斯勒斯・狄漢（Stanislas Dehaene），在《大腦與閱讀》指出，從人類演化來看，文字出現的時間太短了，短到還來不及設計閱讀專屬的神經迴路。《大腦與閱讀》分析，眼睛是很差勁的掃描者，視網膜中間有一小塊地方叫「中央小窩」，只有這裡才有高解析度的神經細胞。閱讀時，眼球跳動，一字一句解讀，才能把新訊息送到中央小窩。

因此，閱讀時必須集中視力，逐字逐句掃讀，先了解字句形音義的意思，再解讀字句串連成段落之後的脈絡，才能掌握訊息的整體意義。這個閱讀過程非常燒腦，如果句子過長、內容太複雜，跟自己沒有太多連結，很快就會失去興趣。

既然閱讀是一件苦差事，高明的作者就要降低閱讀障礙，幫助讀者更快、更好地理解文章，而且願意花時間仔細閱讀，才能達到有效的溝通與說服。

這一切，無非都是為了進入讀者的大腦而努力。如果你讓讀者太過燒腦，讀者就有權力選擇不讀，你耗費時間努力思考、撰寫的文章，豈不是就白費了？如果經過你的燒腦，讓讀者不費力地閱讀，還能支持、認同你的見解，這不是服務業，什麼才是服務業？

ROA思考術，建立寫作策略

寫作是滿足讀者的服務業，這件事不能只是口號，需要有方法徹底執行。以往的記者、專業作家背後，都有一位經驗豐富的編輯幫忙把關，協助他們確認讀者定位、修訂內容，否則記者與作家的稿子都只是初稿。

但是這個人人都可以寫作的時代，並沒有專業編輯幫忙，寫作者自己就要扮演雙重角色，兼任熱情的作者與冷靜的編輯，才能讓自己的文章有品質。

就像經營企業、領導團隊都需要策略思考，寫作之前，也要建立寫作策略。

策略就是先有目標與方向，再找出達到目標的方法路徑。寫作策略也是先有目標，再運用「精準寫作的技術」，完成目標。

寫作的目的，就是希望改變讀者的認知與想法，不是幫助他們更加了解狀況，就是對某件事物有不同的看法或領悟。如果看完沒有任何改變，就是浪

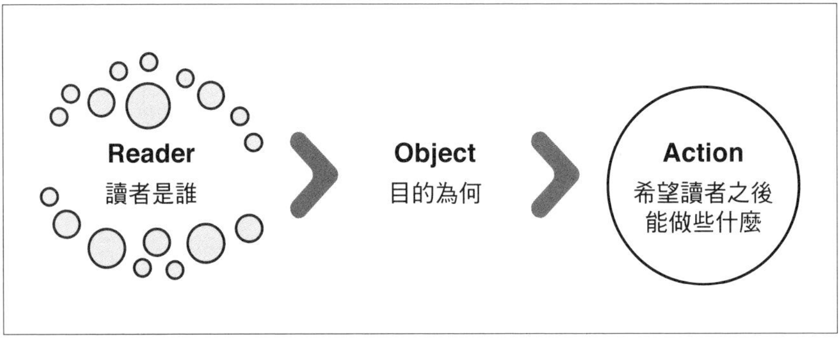

表2-1，ROA思考術

費讀者時間。

寫作策略就是作者希望改變讀者想法、自問自答的「ROA思考術」。包括讀者是誰（Reader）？目的為何，希望改變他們什麼想法（Objective）？希望讀者看完之後產生什麼行動、能夠做些什麼（Action）？

讀者：設想讀者的樣貌與情境

首先，要先定位你的讀者，也就是幫助寫作者去思考溝通對象的樣貌、生活或工作情境，他們關注什麼，遇到什麼問題、產生什麼痛點？越具體的想像，越能幫助我們更靠近讀者的感受，隨時問自己，「他看得懂嗎？這是他在意、關心的嗎？」寫出來的文章，就不會陷入自說自話的狀況。

這也是一種換位思考，那就像附身在讀者身上，去了解他們的觀點、感受與需求。奧美廣告創辦人奧格威就有句名言：「讀者不是笨蛋，他是你的另一半。」

「小說家必須具備惡魔般的附身能力，在不同人體之間移動，也就是在不同角色之間移動。設法跳脫出來，觀察或感覺其他人類觀點，必須以精確而具說服力的手法呈現各種角色的眼中世界。應該成為各種人類的代言人，透過他們的眼睛看世界，體驗他們的感覺，接受他們那些最愚蠢而根深柢固的意見。」《大師的小說強迫症》作者約翰·加德納（John Gardner）說。

目的：傳達什麼重點，改變讀者什麼想法

你希望讀者支持你的提案，購買你的產品嗎？還是認同你的訴求與理念，或是學會你提供的具體方法，甚至改變他們對某件事情的認知？

這就是你寫作的目的。要先有一個目標設定，這能夠幫助你（寫作者）聚焦，去看清楚讀者原本的認知是什麼？找出你想傳達的重點，你才能透過寫作來改變讀者的想法。目的如果不清楚，文章就會不清楚，導致什麼都寫，卻沒有太多記憶點。

就像許多企業簡介出現的問題，就在於沒有讀者定位，也沒有設定目的，只是交代企業的大小事，就像流水帳，讀者毫不關心；或是寫出很多空泛的詞彙，成為自我感覺良好的口號，讀者也無法理解。

如果企業簡介的目的是吸引人才，就要明確寫出對人才的需求、企業本身的特色，以及未來具體的規劃；如果是想傳達社會責任的公益形象，就針對企業社會責任多加著墨；若是想吸引顧客上門，就要針對產品研發、服務能力提出具體案例。

有了清楚的讀者定位，加上明確的目的，在寫作上就有了具體的依據，能夠針對特定讀者製造鮮明的印象，而非空泛抽象的字眼。「觀察力敏銳的作家有許多優勢，其中之一是可以用具體的方式說故事，而不是用脆弱的抽象思考。設法用很多細節呈現筆下角色的感覺。作家寫的東西越抽象，浮現在讀者腦海的畫面就越不生動。」《大師的小說強迫症》強調。

行動：期待讀者看完文章後，能做什麼行動

許多作者容易忽略讀者讀完文章之後的需求。讀者改變認知之後，還可以做什麼事？激發他實際參與改變，而不是被動地按讚。例如積極分享給其他人、實際執行提升健康的方法，或是購買你的東西、參與你的活動、投履歷到你的公司……

過去單向傳遞的唯讀文化，讀者無法產生太多行動，現在是多面向溝通的參與式讀寫文化，讀者可以回應、還能分享、修改、批判，作者反而要多思考，服務讀者要徹底一點，希望他們做些什麼，文章結尾就要提供更多資訊，引導讀者進一步參與，才能發揮寫作的力量。

運用ＲＯＡ寫作策略思考，寫作課的學員都發現，這個方法能協助他們想清楚方向，更能聚焦，不會在寫完之後才發現，跟原本設定的方向不同，反而要重寫，更划不來。

舉一個寫作課學員運用ＲＯＡ思考術的例子。這位學員是社工，想寫腦中風病患的主題。這個題目很大，可寫的內容很多，必須要聚焦。討論之後的ＲＯＡ策略如下：

R（讀者是誰）：腦中風病患的家屬。因為腦中風病患需要長期復健，但是家屬會遇到很大的衝擊，一時慌亂下，容易驚慌失措，必須幫助他們度過難關。

O（目的為何）：協助家屬找到心理諮商的資源，以及外在資源（例如政府補助、基金會資源與志工）；還有病患出院後，如何在家中復健的照料方式，協助他們照顧病患，

也能獲得具體支援。

A（希望讀者之後能做些什麼）：相關資源的網站與電話。

經過ROA的思考之後，寫作內容就會很清楚，完全針對病患家屬遇到的問題，以及具體改善的方法，加上列出相關資源的網站與電話，讓家屬能夠有諮詢對象。

讀者是現實的，所以作者要比讀者更現實。作者得站在讀者的角度，透過ROA思考術時時提醒自己：❶解決讀者說不出口的痛點，❷幫助他們理解，❸提供具體行動的方法與資源，讓讀者有收穫，這樣才能夠「寫出影響力」。

回顧與練習

這堂課教你認識你的讀者，透過ROA思考術，建立你的寫作策略。

練習1

建立寫作策略：請你先想想，最想對什麼類型的讀者（R）溝通？他們原本的認知是什麼，你想改變的目標（O）是什麼？你希望讀者能做出什麼實際行動（A）？

第二部

精準寫作的技術

第3課

主題力（一）

如何發想主題

我當《天下雜誌》記者時，每個月都要報題目（後來改為半月刊，每半個月就要提報），那是壓力最大、最緊張的時刻。因為你不僅要思考主題、讀者是誰，還要想他為什麼要看？內容要產生什麼影響？題目已經很難想了，還要思考這麼多相關問題。

題目會議那天，記者輪流上台報告，看著底下滿滿的同仁、主管、總編輯與發行人，開始秀出一張張投影片。如果沒有引起太多關切與討論，在沉寂的氣氛下，發行人都會提出一個簡單的問題：「你的主題是什麼？你到底想說什麼？」

於是我們就更仔細說明與補充，往往越解釋越亂，到最後大家也弄不清楚你到底要說什麼？發行人又會提出有力的結論：「你講不清楚，讀者就更不清楚，你得要再想清楚主題，下次再報告。」

這一連串問題，都是強迫我們思考得更清楚透徹。主題沒想清楚，文章就沒有明確的範圍與方向，造成什麼都想寫；什麼都寫，最後就容易失焦。讀者可沒耐心，注意力瞬間就轉移，花這麼多時間寫的內容，就白費工夫了。

就像發行人的提問：「你想說什麼？」就是在問，你要寫什麼主題？職場上的書信往來、製作簡報、寫企劃書，或是在部落格、社群媒體寫文章，都要找出主題才能開始撰寫內容。

不是馬上開始寫，而是先「想」，先知道終點，才知道為何出發，才能鋪好前進軌道，讓主題列車全速前進。

主題力就是「找出主題的能力」。「思考」在其中扮演槓桿的力量，幫助設定範圍，找到主題核心，才能有效達成寫作目標。

寫作力就是思考力

寫作並不難，寫出來就行了。但是為什麼那麼多人寫不好，甚至畏懼寫作？沒有好的思考訓練，導致我們的溝通表達出問題。寫作就像冰山一角。海平面之上是寫作呈現的內容，但是支撐寫作內容的無形力量，卻是海平面以下、比例占八分之七、肉眼看不見的冰山。

因此，想學好寫作，不是馬上學寫作技巧，而是先不寫作，先學思考。以我在大學商學院EMBA授課的經驗為例，學員都是中高階主管、創業者，在思考邏輯上仍有因果關係混亂的現象，或是創意思考不足以致掌握不到重點、難以產生看法的問題。

專業職場人仍需要透過有架構、有步驟的引導，持續討論練習，才會發現自己思考的不完整，或是找到潛在的關聯創意，有效解決工作問題。

不論是口語表達、文字書寫，甚至簡報呈現，如果能讓對方印象深刻、釐清思考糾結的內容，往往都是能讓人一目瞭然，或者三言兩語直指核心，再透過有條有理的說服。

支撐這種流暢表達的力量，就是思考力。既然學寫作的第一步是學思考，思考範圍這麼大，要從哪裡學起？

廣泛發想，練習水平思考

要練習主動思考，就要召開腦內題目會議。主題力是從發散到收斂的過程，先從廣泛發想的水平思考，大量發想可能性，最後才能聚焦出有趣、具體、好發揮的主題。

這堂主題力分兩步驟，先練習**水平思考**，再練習如何梳理成有方向、有組織的**脈絡思考**。

水平思考的關鍵字，就是「還有呢」。我們需要的是大量的想法，哪怕是零碎、混亂的點子都好，最怕的是什麼想法都沒有。就像學習創意思考，唯一的原則，就是先有大量的創意點子，才能慢慢釐清整理，找出最棒的點子。

我們先假設自己是總編輯，透過自問自答，引導另個記者自由發想。關於這個主題，我有什麼想法，可以隨意寫在紙上或便利貼上，一直問自己還有呢？還有沒有？再多想想！先有大量的點，才能去串連相關的點子。

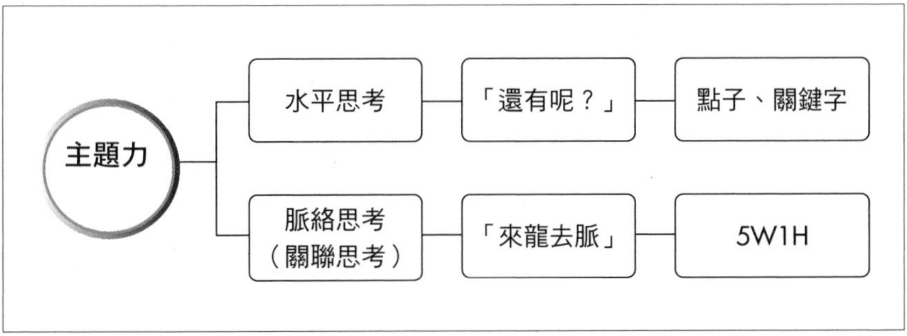

表3-1，主題力的思考法

比方說，主管要你報告下一季消費趨勢，得先找出三個關鍵字，「下一季」、「消費」與「趨勢」。「下一季」是時間範圍，「趨勢」是從過去推估未來變化，因此最關鍵的核心是「消費」。

消費的主題太大了。你要先從「ＲＯＡ」來思考，幫忙訂出座標。讀者是誰？主管的需求是什麼？希望知道消費有什麼變化？主管看完你的報告後要採取什麼行動？應該是根據消費趨勢，研擬出行銷與創新研發的計畫。

有了ＲＯＡ的座標，題目會議就開始進入水平發想。主管想知道哪些消費變化？性別？年齡？區域？產品？如果是手搖茶飲業，就要鎖定：主要客層是誰？過去一季熱門茶飲產品是什麼？哪些年齡層、區域、哪種茶款最受歡迎、哪種水果、哪個時段？個人消費狀況、公司行號集體訂購狀況？

一連串的水平發想，沒有一定的因果關係或關聯，只要盡量去開發延伸腦袋中的想法，最後再去找彼此的連結點與脈絡關係。

又譬如，我的小五女兒回家要寫的作文，老師給的題目是「因為……所以我現在很幸福」。這個題目太抽象了，必須練習具體想像，父母或學生本人也要開題目會議，將抽象模糊的「幸福」連結到自己的經驗。

先找出一個限制範圍。例如最近有什麼讓你很開心、很有成就感、很難忘的事情，把這些經驗感受都寫下來。像是考試、才藝比賽或家族旅行，透過具體有感受的事件，讓自己擴充想法。

我女兒不知道要如何去想像「幸福」。我慢慢引導她回想，這幾個月是否有難忘的事？她一時也沒有想法。我提醒她最近才參加桌球個人單打比賽，過去一直沒有打出好成績，但這次屢次擊敗強敵，最後打到前十六強，會不會很難忘？以這個經驗引導她思考，她立刻就有感覺，接著再問記得哪些經驗、場景、細節與感受，從這些元素去連結「幸福」。

例如賽前的持續練習、模擬對手可能的戰術、賽前的熱身、每場比賽對戰的細節、勝利與失敗的感想……每個細節與感受，有感覺的畫面都盡量寫下來。

透過水平思考鼓勵自己多想想，一直問「還有嗎？」把點子慢慢從腦袋中拉出來，一開始可能會很辛苦，但是多練習、多自我挑戰，讓不常運用、慣性思考的大腦多活動，就像舉重一樣，透過壓力增強創意肌肉，點子慢慢就會越來越多。

脈絡思考，梳理想法

當迸出很多點子與關鍵字之後，就要進入第二階段。嘗試找出這些想法、關鍵字之間的關係，彼此有沒有連結？把這些散落的點串起來。

找出各元素之間關係的思考過程，叫做脈絡思考，或是關聯思考。這個過程是嘗試去組織、整理、探索散落想法之間的連結性，看出背後之間的關聯與意義。

脈絡思考讓我們有高度與整體觀，不被眼前的表象影響，隨便就丟出答案，反而要仔細觀察、思考與查證，才知道事情演變不是如表面所見這麼簡單，一定是不同元素之間相互運作的結果。

從水平思考進階到脈絡思考，就是開始思考哪些點子彼此有關，再刪掉無關的點子，嘗試為相關聯的點子找出先後順序，或是彼此相互影響的關係是什麼？

接著，再以更簡單的架構來運用脈絡思考。我們常聽到5W1H，就是何人（Who）、何事（What）、何時（When）、何地（Where）、為何（Why）與如何（How），這是一種思考事情發生先後順序、相互影響的過程，其實就是脈絡思考。

我們可以把這些點子、關鍵字放在5W1H框架中，有效整理與思考。例如手搖飲產業的下一季趨勢變化，先要知道上一季、上兩季有什麼脈絡？比方哪些茶飲（What）特別熱門，必須推敲原因，誰（Who）喝得多？何時？跟季節變化有關嗎？早上、中午或晚上（When）特別熱門？跟季節、溫度變化（Why）有關嗎？哪些區域，中南部、城市、鄉村（Where）？消費者如何購買熱門茶飲，一個人還是企業採購（How）？一次買多少（How Much）？。

這個推敲過程，透過時空情境的具體思考與想像，就能幫助我們有效整理散亂的資料、想法與關鍵字，找出背後的運作與關鍵字背後的關鍵字，刪除看似有關、實際無關的元素。

透過5W1H的思考過程，就能大致了解手搖飲產業上一季，甚至過去一年的變化，可能還要去追溯你們公司，或是找到整體手搖飲產業，甚至去找手搖飲原料供應商的供貨資料，彙整出去年同期（或下一季）的脈絡，才能推估今年下一季的變化。

如果再更聚焦主題，也許就是找出去年同一季前十大熱門、以及不熱門茶飲的內容，透過具體產品的變化，找出主題範圍，就能往下聚焦，去找尋更具體、更細節的資料與內容；或者是針對消費者、各個手搖飲加盟店進行初步訪談，了解實際狀況。

針對「因為……所以我現在很幸福」這類抽象的題目，我們先水平發想，找出可能的主題（例如旅行、家人聚餐、重要表演），我跟女兒討論的主題範圍就是桌球比賽，也找出一些主要關鍵字：賽前訓練、現場每個比賽過程、每個對手、每局狀況，賽後的感想。

接著就可以用5W1H脈絡思考法，將這些零散的關鍵字分類，放入每個格子中，找出這些元素之間的關係。假設比賽過程中，吃便當、小點心可以提振心情與士氣，就可放入，萬一其實不影響大局，就要刪除。如果聽到教練的戰術或鼓勵，甚至是隊友的打氣，都對比賽有影響，就應該記下來，找到跟其他元素的關聯。

從水平思考到脈絡思考，我們的思考力就已經出現巨大的變化，比較重要、吸引人的主題，也慢慢成形。

寫作的主題力鍛鍊，也是創意發想的過程。廣告大師楊傑美（James Webb Young）在《創意的生成》提到：「創意是舊元素的重新組合，但在重組之前，必須要能看到不同事物之間的關聯性。」

善用便利貼整理創意

我在寫作課教學員發想主題時，也會運用便利貼幫助思考。先把各種點子寫在便利貼上，最後再收攏找關聯，將相關類型的便利貼集結在一起。有位學員運用這個便利貼方法，教唸小學的兒子作文，讓孩子透過思考改善寫作問題。

多發想，多找尋背後的關聯，就能不斷刺激思考力，進而創造想像力。寫作，不是越寫越聰明，而是越想才越聰明。

下一堂課，就要進入主題力第二階段的聚焦思考，幫助產出你的寫作主題。

回顧與練習

這堂課練習兩種發想主題的能力：水平思考與脈絡思考。

練習1

發想主題：先大量發想任何與你有興趣、想知道的主題有關的想法，大量寫下關鍵字。接著再找尋彼此的脈絡連結，刪掉無關的點子，再去串聯、發展可能性。

練習2 寫出有個人觀點的文章：以熱門議題手搖茶飲連鎖店是否「親中」，練習寫一篇有個人觀點的文章，在網路上發表，並讓他人轉分享。先試著寫下關鍵字：

- 整理目前相關討論議題的主要想法、元素，你自己有什麼看法、或是激發你什麼看法，可以寫出十個以上的關鍵字。
- 列出正反意見、蒐集有趣的觀點意見：寫下哪些是吸引你、有趣、認同，讓你產生不同想法的關鍵字。
- 也可以故意唱反調，從對立面來思考，寫出一些關鍵字。

接著嘗試將這些關鍵字用5W1H脈絡化，找出彼此的關聯性，可以列出正反意見的脈絡，還有其他不同觀點的脈絡。練習多角度解讀，這些代表什麼意義？

第4課

主題力（二）

如何聚焦主題

寫作力就是聚焦力

寫作最常遇到兩種問題：第一種是又臭又長，儘管寫下千言萬語，還是不知道你的主題是什麼，要表達什麼？導致沒有清晰的針線去編織想法。第二種則是又短又乾，用盡力氣還是擠不出內容，因為沒有想法，拿著一堆針線，卻不知從何開始。

這兩個問題的共同問題，就是主題不清楚。

上一堂主題力（一）幫助大家練習產生想法，接著從想法之間找出脈絡關聯，畫出大致輪廓。但這樣還不夠清晰，沒有明確的主題圖像，手上的針線還是無法運作。

這一堂主題力（二），則是幫助寫作者調整主題焦距。第一步嘗試從模糊逐漸聚焦，主題也會越來越清晰，第二步要思考這個主題能否引起讀者興趣，寫作才不會白費工。

思考力像漏斗，要經過三階段程序才能成形。首先是**水平思考**的大量發散式發想；接著是中段的**脈絡思考**，逐步將發散的想法梳理統整，找出關聯與脈絡；最後是收斂聚焦，開始**垂直思考**，往下更深刻、更仔細地想，思考點子之間的因果關係，也就是邏輯推理的過程，才能有條有理表達你的主題。

寫作力除了是思考力，也是聚焦力。從主題開始就要聚焦。就像打聚光燈一樣，讓你的讀者一看就有興趣、一讀就掌握重點，一路讀下去，最後還能有所啟發、感動，更會深刻難忘。「主題給予觀眾充實的時間感（如果閱讀沒有意義，那何必閱讀？），也讓報導與寫作更有焦點。」《敘事弧》寫道。

脈絡思考讓主題有大致的輪廓。先見林、有整體觀，再來就進入聚焦的垂直思考，先找出最重要的樹木主幹，有了具體主題，再去關注樹幹上的枝葉模樣。

「好的主題陳述是簡潔扼要的，沒有細節，但精確地勾畫出故事的主軸。如果說最後的報導有如一幅油畫，主題陳述則像是最初的素描，以幾筆關鍵的線條來勾勒輪廓。」這是《報導的技藝》對主題精采的比喻。

從水平思考到聚焦思考

寫作課班上有位學員找我討論寫作主題。她是葡萄酒商的客服人員，碰到的問題是大家不了解葡萄酒，她希望用簡單有趣的文章推廣葡萄酒。但目前已經有太多的葡萄酒文章，她不知如何從廣大範圍中

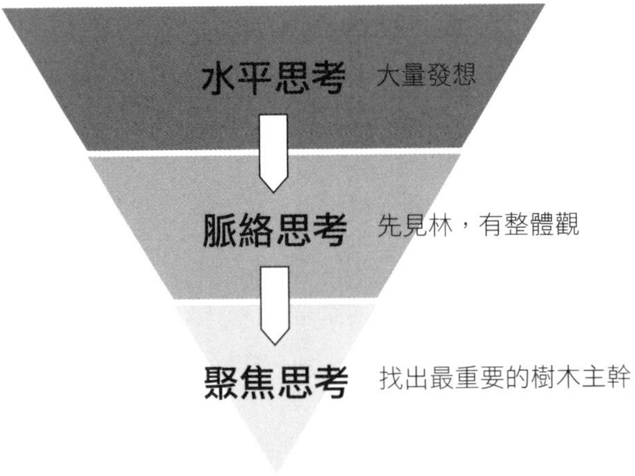

表4-1，主題思考三階段：從水平思考、脈絡思考到聚焦思考

找出適合的主題。

我運用本書第三課主題力（一）幫助她找出主題。先發想點子，葡萄酒這麼多，你最想介紹什麼主題？要從風土（例如國家、產地）、口感、普遍性、稀有性、價格，還是歷史，或是從酒莊特色著手？

水平式的廣泛發想之後，我換個角度提問，希望找出更好的切入點。我問她怎麼會到葡萄酒公司從事客服？學員原本是負責醫院評鑑的基金會行政人員，希望能從事更有溫度、接觸更多人的工作，便換到需要跟大量顧客溝通的葡萄酒領域。

這是與她過往完全不同領域的產業，我更加好奇她如何學習品味葡萄酒的專業知識，與顧客溝通。接著我們就進入脈絡思考的討論，詢問她學習過程中最喜歡的幾款酒，學到什麼不一樣的想法、甚至是領悟到什麼價值，便能找出主題的相關脈絡。

「品酒與職場學習的關聯？」這個想法觸動了她的心，如此便找到了可以聚焦發揮的主題，原本茫然的眼神，出現欣喜的表情，說要回去把主題想得更清楚。

最後，我建議再聚焦到三款酒，不僅具體讓人有印象，透過深入說明特色、滋味與口感，以及她學習品酒過程的小故事，就會非常動人。（編按：請參考第17課）

這一路從水平思考、脈絡思考到聚焦思考的過程，目的都在緊緊扣住讀者的眼球、心思與感受，如果從主題開始就無法聚焦思考，後面更容易一路發散，讀者的心一下子就溜走了。

該如何聚焦深化思考，找到清晰的主題？這就需要結構化的工具，來幫助聚焦主題。

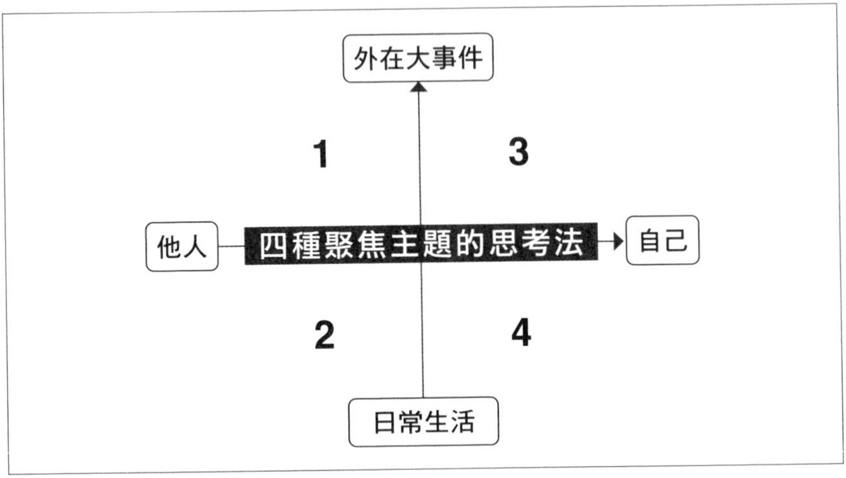

表4-2，四種聚焦主題的思考法

四種聚焦主題的思考法

我將主題的聚焦思考分成四個象限。一個是關於談論自己，其次是談論外界人事物，切入點又分成外在發生的大事件，以及日常生活與工作的內容。

這四個象限能幫助寫作者聚焦到關切的主題，或是被他人（主管、老師）指定的主題，找出好發揮的範圍。

首先要思考，主題是跟自己有關、還是要談外界的人事物。比方說要寫一位職人，那就不是你自己，而是他人；如果是手搖茶飲業的消費趨勢，也是外界人事物。這兩個例子都屬於第一與第二象限。如果是寫「三款讓我重新享受生活的紅酒」，則是屬於個人範圍，屬於第三與第四象限；但是換個角度，輕鬆學品酒的三款入門酒，則屬於第一與第二象限。

定出範圍之後，再進一步思考切入點。是要講日常的生活工作？還是具有影響力的外在事件？比方寫職人的專業，可以介紹第二象限的日常工作內容，當然可以訪談他影響工作的重大事件，這就屬於第一象限的外在大事件，例如新工作、新的轉換、離職或轉職的影響。

好比前文提到，轉職進入葡萄酒產業從事客服的學員，就是一個重要轉變的大事件。但如果學員是寫日常下班的品酒生活，則屬於日常生活。

假設是手搖飲消費趨勢，則聚焦在第二象限，了解他人日常生活的內容，每個人的日常消費串起的趨勢。這當然也可以回到第一象限，關注新聞事件的影響，例如手搖飲跟香港「送中」事件、中國與台灣的爭議。

還有另一個聚焦主題的角度。如果我們不想寫太個人的事情，可以從第一象限去思考，像某個名人的出生死亡與重要影響、重大議題，或是流行文化、重要新聞事件，去發想寫作主題。例如環保議題、政治、兩岸、運動賽事，藉由引發大家關注的外在大事件，去陳述你的想法與觀點；由於是大家關心的題材，發文容易受人矚目。

總之，要讓主題進一步聚焦，都離不開外在的話題、重要議題，或是個人要面對的問題。話題、議題與問題，都是最容易讓讀者關心的主題，寫作者才能具體發揮。

引發共鳴、新奇有趣的四種主題定位

四種主題的聚焦思考，是幫助作者的思考練習，一路從水平思考、脈絡思考到聚焦思考，讓主題範圍越來越清楚，寫作內容也不會發散失焦。

接下來要換位思考，跳脫作者的角度，從讀者角度來構思。到底讀者對我的主題有沒有興趣？如何吸引讀者關心我的主題，進而願意花時間閱讀？站在讀者需求與感受的角度想一想，讀者到底關心什麼？

先回到大腦與人性的課題。大腦是個矛盾的器官，一方面很保守，很重視既有的經驗，不太喜歡花能量去注意不熟悉的事情，喜歡按照既定模式運作，能不費力就盡量不活動。另外，大腦又是個好奇寶寶，如果是新奇有趣、不需要花力氣去理解的內容，也會有興趣了解。

如此矛盾的大腦，正是人生的寫照。我們喜歡一成不變，才有安全感；我們又喜歡新鮮刺激，才不會無聊無趣。

你是不是也是這樣的人？喜歡看同類型的書，有時心血來潮或是遇到挑戰，才會去關注平常不會看的書或文章。或是習慣閱讀熱門暢銷書，才能不落人後，當然有時也厭煩暢銷書總是重複一樣的主題，沒有新意；但是看同類型的書，又會讓你有安全感，強化你的認同。

以前當記者的時候，發行人總會問：「讀者為什麼要看？」跟自己的大腦開題目會議時，這個問題就得時時放在心上。從讀者角度來思考，**不是去取悅讀者，而是要引發他們的關心**，你的主題才能連結到讀者的需求與期待。讀者想看，文章才會有影響力。

讀者的喜好看似多變，但大致可分成四種主題定位。

我們以熟悉與新奇兩種取向來區別。既熟悉又普遍的主題，這個定位是心靈雞湯。主題要符合大眾熟悉、主流接受的內容，通常都是正面光明、鼓舞的例子。例如力爭上游、熱心公益或是家庭價值，這是要強化既有

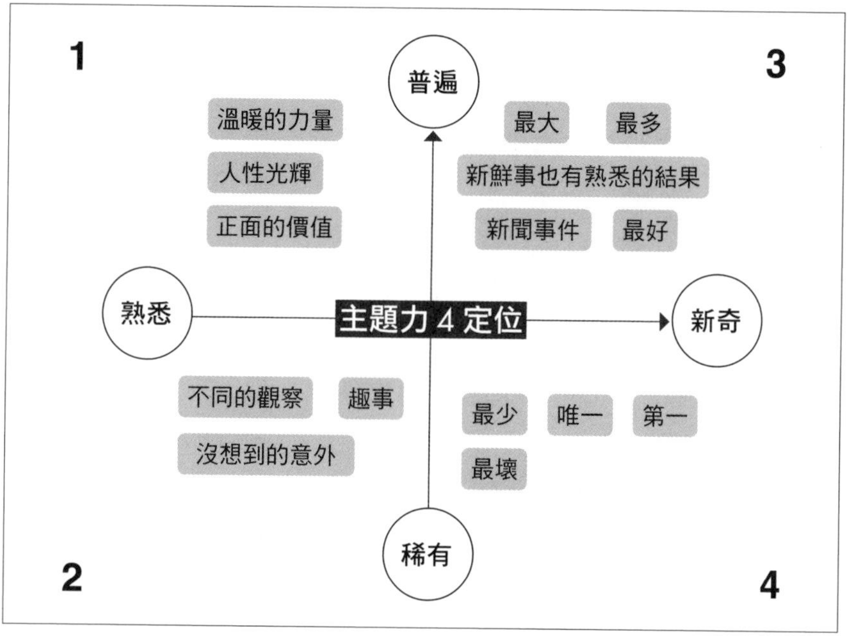

表4-3，四種主題定位

認知，鼓勵我們努力保持。

第二種類型的定位跟上一個類型相反：在熟悉中找出不同認知。這個定位是翻轉、刺激新想法，從我們熟悉的主題中，翻轉跟一般認知、刻板印象不同的內容，或是傳達有趣的事情，甚至是沒想到的意外，充滿幽默感，製造新奇的樂趣。

第三、四種類型都強調新奇有趣的角度，關鍵字都是「最」。第三種類型以數量取勝，定位在最多、最大與最好的事情，強調正面、普遍、受到認同的價值，也是大家關心、好奇的事情。

第四種類型則相反，以特定少數的稀有性取勝。例如最少、唯一、第一、最難忘，甚至是負面的事情，比方最糟、最可怕、最可憐的事情，目的都是要讓讀者好奇、想知道究竟發生了什麼事。

以前文的葡萄酒主題為例，學員設定的主題是翻轉職場價值觀的三種葡萄酒。這個主題可以設定是第二種類型，談熟悉的葡萄酒，卻有不同的學習領悟、不同的職場學習。學員認為學習品酒的過程，不只是葡萄酒知識的成長，也反思她過去對事物觀察的偏見，她就以三種葡萄酒的不同領悟，來傳達自己的改變與成長。

手搖茶飲之前透過聚焦思考，可以落在第二象限，了解每個人日常消費帶動的趨勢，也可以透過第一象限的重大新聞事件，了解消費者的需求與感受。

接著思考主題定位，可以設定在第三類型：銷售最多、售價最高的茶飲品，為什麼這麼受歡迎？或是反送中事件之後，手搖茶飲品牌是否會發生變化？

如果設定為第四類型的主題，哪些小手搖茶飲品牌有很受歡迎的獨特飲品（唯一），或是比較手搖茶品牌各自銷售第一的飲品，有什麼特色？歷年來有什麼成長與變化？消費者的感受、喜好是什麼？

有了不同定位，了解現有狀況，就可推估下一季手搖茶飲可能的變化。在準備這個主題時，你也能不斷發想、聚焦，找到獨特的切入點。

以上在葡萄酒與手搖茶飲這兩個例子中，嘗試思考這四個主題定位，其實變化性很大，必須根據你設定的讀者需求，思考你想做的主題、傳達的想法與態度，來決定要放在哪個象限。

先思考自己的想法，再考量讀者的需求，接著持續自問自答，聚焦到最好的定位。當你的寫作主題有清楚的定位，就有了明確的座標，內容自然能扣緊主題、呈現你想表達的重點。

接下來的兩堂課，就要練習如何找到內容重點，以及呈現文章的重點，讓讀者能夠輕鬆擷取你的重點。

回顧與練習

這堂課練習兩階段的聚焦，讓主題越來越明確。先聚焦四種主題思考，有了大方向，再聚焦四種主題定位，設定好文章的座標。

練習1

主題思考聚焦：用主題思考聚焦上一堂課的手搖茶親中議題，思考要將文章主題放在哪個象限？四個象限都可以想看看（可從手搖茶飲、台灣與中國的關係、台商的商機與宿命、兩岸工作者等角度切入。）

練習2

確認主題定位：選出你最想傳達的方向，要談正面力量？還是另類特別的顛覆角度？或是跟著第一象限來批判親中業者？還是想談你喜歡、只在台灣經營的手搖茶品牌特色？

第5課

重點力（一）

如何
讓複雜變簡單

二〇一四年基隆市長林右昌剛上任時，為了快速仔細了解市政，要求上任後三個月內，要親自批示所有公文。兩位幕僚每天得先看完全部公文，再根據執掌分案，將內容做摘要、劃重點；有爭議、內容不清楚的公文，再請承辦人來說明，最後市長才能親自批示。

為什麼市長幕僚跟市長會這麼累？因為公文寫得不清楚，便很難在短時間知道重點。公文若寫得層次分明，市長幕僚就能協助市長迅速掌握市政與執行狀況。

我的寫作課班上也有不少公務人員，他們學習寫作是為了寫好簽呈或新聞稿，讓長官看懂，否則經常被認為邏輯不清、沒有重點而遭退件。

不只市長是大忙人，一般讀者的**注意力與耐心也有限**。因此，除了公務人員，各專業領域工作者一旦需要溝通表達，也必須先學會掌握重點，溝通對象才能夠迅速理解內容。

為什麼會越寫越複雜？

人都不喜歡事情太複雜，但是為什麼寫文章就容易越寫越複雜呢？有三個原因。

第一是本書第二課提到的**知識的詛咒**。過度專業帶來的自我詛咒，就是誤認每個人都應該跟我一樣專業、具備一樣的思考角度，甚至有點自我感覺良好，忽略如何跟非專業領域的人溝通。

第二是**分工太複雜**。層層分工、不斷外包的過程，每個人只掌握自己的那一部分，缺乏整體觀，導致不斷埋頭苦幹，卻不知道自己的專業、書寫的內容跟整體有什麼關聯？

第三個原因是**缺乏具體目標**。人把事情越做越複雜、越做越難，往往是因為缺乏清楚的目標，導致自己的作為、想法與目標脫節。有了目標，就會不斷檢視既有的狀況、資訊與行動，是否能達到標準。我們很容易陷入為忙而忙，卻不知為何而忙的茫然狀態。詩人紀伯倫說：「我們走太遠了，以至於忘記為何出發。」一語道破人們瞎忙的大問題。

重點力，就是要回到原點，重新找出重點。不論是寫作、思考或溝通，培養化繁為簡的重點力，才能征服複雜，促進精準溝通，有效解決問題。因此，當我們掌握主題力後，開始進入實際寫作階段，首要學好的技能，就是重點力。

向迪士尼樂園學寫作攻略

培養重點力，最大的敵人卻是作者自己。作者跟讀者立場不同，對作者來說，他的文章、書信或公文，都提供完整豐富的訊息，明明都寫了，你怎麼會看不出來？對讀者而言，再詳細的說明、解釋與數據，如果沒有出現提綱挈領的重點，讀者很難從密密麻麻的文句中讀出意義。

我們得先用同理心來感受讀者的立場。對讀者來說，以文字堆砌的文章或書信，有如站在幽深密林之前，深怕踏進去之後，會在叢林中迷路、無法脫身，更浪費時間。因此，作者有責任將密林開闢成能夠自由行走、觀賞風景的公園，一路都有指標，才不會讓人迷路。

重點力就是開闢道路、建立路標的能力。該如何建立重點力？可以向迪士尼樂園學習寫作攻略。

如果你今天來到迪士尼樂園，走進園區的第一步，你會去哪裡？通常是先研究地圖，瞭解園區各個主題館特色與分布位置。以東京迪士尼樂園為例，有七個遊樂主題區。了解整體狀況後，才能安排遊玩攻略：在有限時間內，要去哪些地方玩，如何分配時間？行走移動時隨時查看地圖，就不會迷路。

如何萃取重點？

迪士尼樂園的七個主題館，就是七個重點力。這七個主題館一定各有不同的訴求點，但加起來就能完整呈現迪士尼樂園的特色。換句話說，想知道迪士尼樂園的整體特色，就要感受七個不同特色的主題館，才能了解迪士尼的品牌精神。

重點力怎麼產生？來自「同中求異」與「異中求同」兩種方式。

從水平思考到脈絡思考

迪士尼樂園的品牌訴求是世界上最快樂的地方，在這個原則下，如何呈現快樂？這是一個從上而下、同中求異的探索過程，需要擴大範圍，仔細思考與搜尋各種內容特色，不斷調整嘗試之後，透過七個主題館來傳達品牌精神。

另一種重點力是由下而上的異中求同。這是許多人最常經歷的過程，從龐雜資訊抽絲剝繭中，經過有效分類，將同屬性的資訊歸納在一起，提煉共同的重點，才能讓人一目瞭然。

不論是同中求異或異中求同，都是從水平思考到脈絡思考的過程，找出元素之間的關係，才能建立重點力。

我在開設的寫作課第一次上課時，會請小組成員根據工作、興趣及寫作需求三個面向，討論各自的共同點。有一組發現大家的興趣很廣泛，像是看書、爬山、上課、衝浪與品酒，一時之間找不出共同點，只想到都是有求知欲且喜歡接受新知的人。

聽完報告，我發現爬山與衝浪比較像自我挑戰，跟求知欲無關。我帶大家重新推敲這五個興趣跟自我成長或重視生活品質有關，提出另一個角度：你們是一群重視生活品質的人，瞬間引起大家的共鳴。先異中求同，找出重點，接著再同中求異，說明細節差異。

聚焦整合關鍵字

練習重點力，也是將關鍵字重新消化整理，以換句話說的方式，提出你詮釋後的重點。例如學員每講一個重點或想法，我就會複誦一次，消化整理之後，換個說法再說一遍，傳達更簡潔精準的重點。

然而簡單並不簡單。重點力的精神，就是先說大方向的重點，再講細節，這個過程需要反覆思考、推敲與整理，要求自己聚焦整合，才能萃取出精準的重點，讀者被提示重點、路標，了解大致脈絡，更期待進一步說明。

就像蠶寶寶吃桑葉會吐出蠶絲一樣，我們解讀訊息，就像吃桑葉一樣，最後要吐出消化後的重點，而不是吃桑葉，最後還是吐出桑葉。

魔術數字3的力量

蠶絲就是重點力。但問題來了，需要多少重點，才算有重點？

美國國會助理要幫議員準備報告資料，他們會事先提供「掌心卡」。這種重點提示卡正面寫著綜合性的訊息，背面則有三個論述重點，可以讓議員放在胸前口袋，幫助他們在開會與質詢時傳達有說服力的重點。

重點力的精神，就是讓文章變成讀者的掌心卡。但是掌心卡為什麼只放三個重點？

三這個數字經常被用在各種比喻、形容與說明。美國憲法的精神是民有、民治、民享，法國大革命的主張是自由、平等、博愛。許多行銷口號或重要觀念，也都是三。例如日本劍道哲學守破離，電影《一代宗師》名言「見自己，見天地，見眾生」，比賽名次也只排前三名。

三是個神奇的數字，在會議上提出三個重點，大家就會聚精會神聆聽，文章中提到三個重點，也會提醒讀者，重點出現了，好像在大海中看到燈塔。

限定範圍易聚焦

為什麼這麼神奇？有三個重點。首先範圍夠小，讓我們必須聚焦，想辦法將複雜變簡單，得從眾多事物、資訊中要歸納出三個重點、三個特色，就需要選擇，選擇涉及思考，讓我們不能只用直覺反應，需要仔細想想才能回答。

豐富視野有深度

其次，三也夠大、夠豐富，能擴廣我們的視野。因為要選三，就要放寬眼界，仔細尋找與挖掘，再小的事物也有細節深度，讓簡單變有深度。

轉換角度助創新

第三，三讓我們轉換角度。只講一個重點或想法，會太絕對、太強烈，沒得選擇。只有兩個重點又好像二元對立，非黑即白，不得已只能二選一。除了一與二之外，「還有」三，就會讓我們跳脫既有狀態，認真找尋第三條路，產生創新思維。

其實三就是產生一個轉折點，帶來不一樣的感受。比方星巴克咖啡形容自己是家裡與工作場所之外、可以放鬆歇息的「第三空間」。

因此，重點力結合魔術數字三，文章只要強調三個重點，讀者就不會有壓力，好記又容易接受。對作者來說也比較篤定，練習重點力，就先從三開始練起，文章才會精準有力。

寫好，不用寫滿

只有三還不夠。過去寫作習慣是寫好，更要寫滿，好像字越多，每段內容越厚重，就代表內容越豐富。這只是作者一廂情願的想法，讀者只想瞭解作者想要表達什麼，有什麼重點，跟我有何關聯？對我有幫助嗎？

因此，寫好跟寫滿無關，而是有沒有寫出讀者在乎的重點。除了掌握三個重點，重點力還有一個最大特點，就是簡短有力。否則每個重點都又臭又長，讀者還是不了解重點。

重點力三S原則

如何讓重點簡短有力，幫助讀者能夠好讀、好記、容易理解你的文章？重點力三S原則，是**簡單**（simple）、**簡短**（short）與**具體**（specific）。簡單就是文字要好讀，簡短幫助讀者好記，具體是文字不抽象虛幻，讓讀者能連結到自己的經驗，幫助他們理解。

運用三S原則，會讓重點力具有標題的亮點吸引力，能夠站在字裡行間，讓人眼睛一亮，不會軟軟的倒在文字叢林中，一點也不起眼。

簡單不簡陋

如何運用三S原則，讓你的文章有力量呢？重點力首重簡單，然而簡單並非簡陋，簡陋是內容貧乏不充實，簡單在於掌握事物核心本質。核心本質有點抽象，意思就是最重要的中心價值，當一切元素都可以抽掉，剩下唯一不能刪除的元素，就是核心本質。

你可以問自己，這篇文章最重要的目標是什麼？例如是讓自己開心、對外展示自己的才華、想讓很多人轉發……哪一個目標才是你最想達成的，那個就是核心。

簡短就易懂

掌握了簡單的核心原則，再來是如何傳達？文字要簡短有力，讓讀者一眼就看懂，不會迷失在冗長字句中，無法了解意思。例如和平、土地、麵包、自由、平等、博愛，短而有力地穿透我們的腦海，印拓在我們心中。

簡短也是練習換句話說，刪掉贅字冗言，要求自己用**一句話**寫出重點。許多口號、廣告文案，甚至電影名稱，都是簡短有力，易讀易記。像奈吉「just do it」、蘋果「think different」，或是四字組成的成語，還有歌詞越短，越有節奏，越有力量。

但是要提醒大家，盡量不要用成語當重點。成語簡潔好用，人人都朗朗上口，但身為作者，用成語是不深入思考、走偷懶的捷徑，反而失去文章的獨特性。要嘗試換句話說，用自己的想法重新包裝與傳達重點。

我經常問學員：「你的意思是……？」就是請他練習用自己的話把意思講清楚，從中整理出最重要的核心元素（簡單），再修剪成好記的句子（簡短）。

失敗為成功之母，這句話講了等於沒講，要如何讓它簡單又簡短呢？強迫自己仔細想想，不要回到套用成語的慣性思考。你可以這麼寫：成功來自失敗中的學習；有學到教訓的失敗，才是真正的失敗；成功來自嘗試錯誤的累積。

放上動詞就變具體

大腦不容易理解抽象的詞彙，無法做更多聯想與感受，就很難讓人連結到自己的具體經驗。抽象的詞彙如勇敢、堅忍、創新、永續，看起來很正面且普遍，但每個人對這些詞的解讀與認知一定不同，如果沒有具體的文字去勾連，讀者很難有印象。

「多了解顧客，才能拓展商機」，這句話大家都知道、也不特別吸引人，這樣你想說的重點就沒有重量了。該如何換句話說，轉換成更具體、令人印象深刻的表達呢？

寫作課學員就轉換成「多了解顧客，就能夠在彎道超車，打敗對手」，全班同學就「哇」一聲被打中，當下很有感覺，也有具體畫面，更想繼續讀下去。

仔細檢視「彎道超車」、「just do it」、「think different」、「享受有品質的生活」、「成功來自嘗試錯誤的累積」，有一個共同特色，就是有「動詞」。有動作就有力量，就會讓讀者產生畫面連結感與具體的感受。

掌握簡單、簡短與具體的三S原則，你的三個重點、文章的掌心卡，就會特別鮮明有力量。

回顧與練習

這堂課談三個重點力，以及三S原則。

練習1

運用三S原則：經過主題力兩堂課，想想你要寫的主題是什麼？有哪三個重點？再運用三S原則，將這三個重點簡單、簡短與具體地寫出來。

練習2

快速整理三重點：在最近閱讀的書或文章中快速整理出三個重點，用自己的話消化後、運用三S原則說說看。

第6課

重點力（二）

魚骨寫作法，讓文章有重點更有亮點

剛當記者時，我換了幾個媒體工作，影響我最深的是專挖股市與企業祕辛的《財訊》。我學會了分析企業財務報表，了解企業的財務操作手法，也曾經踢爆（運用現在流行的媒體術語）一家上市公司炒作股票、製造獲利表象的問題。

我希望在採訪與寫作上更上一層樓，因此決定轉換到《天下》，原以為能夠發揮調查採訪與寫作能力，卻遇到很大挑戰。雖然有職前訓練，要寫很多閱讀心得，但是我負責的路線是比較艱深的金融領域，交出的文章經常受到質疑，內容太生硬，或是出現太多術語。漸漸地，我的稿子經常被大幅修改、刪減，能夠正式刊出的次數有限，在這家雜誌社的角色似乎越來越邊緣。

這個情況持續好幾年。儘管我也會寫其他財經報導，有時寫得還不錯，但還是會被批評文章太乾了，不生動有趣。我很想突破，每次都會仔細研究文章被修改的差異癥結，但進步幅度一直很有限。主管會給我不少寫作建議，例如多讀詩，勤練文筆，或是多觀察資深同事的好文章，我還是找不到好方法。

是什麼讓我從一個卡關的記者，變成一位教寫作的專業教練？

段落思考 vs 句子思考

關鍵的轉折點是，我發現了寫作的祕密。如果請你回答，寫作的基本單位是什麼？是字、詞、句子，還是段落？我在課堂提出這個問題時，學員們都認為這有什麼好問的？幾乎都回答句子。

我接著問，如果要明確表達想法，一個句子能夠說清楚嗎？大家搖搖頭，如果要透過文章闡述想法，要多少句子？寫完之後，這些句子彼此串連後，是什麼狀態？

大家恍然大悟。原來要把想法寫清楚，不是靠句子，而是句子連結而成的段落。

句子思考與段落思考的差異是什麼？句子思考容易陷入寫出優美漂亮的句子，只會雕琢文字技巧，但是缺少對文章整體結構的完整思考。段落思考則是構思整個段落要表達什麼，哪些句子可以呈現整段的中心思想，句子之間能否相互呼應，有條有理有邏輯，讓讀者理解、且被說服。

換句話說，句子思考只注意句子本身，段落思考則重視句子的結構，結構又涉及句子之間的關係與連結。

知名小說家史蒂芬．金就在《寫作》這本書強調，「在談基本形式及風格之前，我們應先想想段落，組織形式常緊隨在句子結構之後。」他也在書中說明，「最重要的部分就是段落，因為段落就代表書想表達的內容，段落等於書的地圖。」

有了段落思考，你就會考量段落之間的關係與連結。就像上

句子思考	段落思考
重視文句優美	重視整段的表達與句子的結構
只注意句子本身，缺少對文章整體結構的完整思考	注意句子之間的關係與連結，是否相互呼應，有條有理有邏輯

表6-1，句子思考VS. 段落思考

一堂重點力（一）談的地圖路標，每個段落也就是重點力的呈現，一個個段落就是整篇文章的路標，才能讓讀者好讀好理解。

因此，每個段落內容不只傳達重點力，也要讓讀者不迷路。知名的認知科學與心理語言學家史迪芬·平克（Steven Pinker），在他的寫作指南名著《寫作風格的意識》就強調，段落是一個視覺上的書籤，讓讀者停頓下來，喘一口氣。

段落還有不同層次，段落之間連成區塊，區塊再組合而成完整文章。比方重點力（一）提到的三個重點，每個重點都是由幾個子重點、也就是幾個段落組成，三個重點就是三個重點區塊，每個區塊分別由不同段落、不同重點串連而成，這幾個區塊最後再串成文章。

段落有層次，就能幫助思考產生深度層次。首先，作者不會一口氣就得寫完一大段，可以分拆成好幾段來闡述，每段各有重點，就能讓思考有不同節奏。第二，讀者在閱讀上也較不費力，每段就像一棵樹，注意力比較好聚焦，就不用費力閱讀有如濃密森林的肥厚段落。

但是台灣傳統國語文教學中，幾乎都偏重句子思考，沒有討論段落思考。意即先練習造句，不常以每一段來討論，也較少強調段落在整篇文章代表的意義，容易偏向修辭美化的技巧，比較缺乏結構思考，如此，不管是閱讀或寫作上，都不易深入理解文章的整體脈絡與重點。

當我在寫作課討論段落思考與句子思考時，許多學員往往都以為，段落要又滿又密，才是內容豐富的好文章，結果就造成文章又悶又長，為寫滿而寫，連作者自己也迷失在文章之中，走不出來了。

段落該如何結束？就是你的這段意思已經講完，就要告個段落。「缺乏經驗的作者傾向靠攏學者而非記者，分段太少而不是太多。對讀者展現一點體恤總是好的，讓他們困倦的眼睛不時歇息一下。」《寫作風格的意識》指出：「要是一個句子不是在解釋上一句或接續它的意思，就在這裡劃下分段的界線吧。」

寬鬆有致的好段落，讓作者聚焦，也讓讀者好讀。到底段落應該要多少行才算適中呢？其實沒有標準答案，有時候一句話就是一段，有時三到五行，有時七、八行，要根據文章內容而定。

魚骨寫作的祕密

我後來開始大量閱讀優秀記者的文章，從雜誌到書籍，逐段拆解他們的寫作方式，邊拆解邊思考這是怎麼寫的，經過大約三個月的自我訓練，從中發現了寫作力的祕密。

其實也是公開的祕密。因為《天下雜誌》的寫作風格承襲自國外媒體的寫作風格，例如《華爾街日報》、《時代雜誌》與《財星》，他們運用的寫作方式，幾乎都來自一九一八年出版、由康乃爾大學英語系教授威廉．史壯克（William Strunk Jr.）寫的《英文寫作聖經》（*The Elements of Style*），這本書就連驚悚小說大師史蒂芬．金都奉為權威典範。

這個祕密很簡單。史壯克提出十大英文寫作守則第一條，開宗明義就說，每個段落視為一個單位，每段以一個主題句（topic sentence）開頭，且務必句句相扣，目的是要讓讀者在每段的開頭就掌握該段主旨。

史壯克講的是主題句，《天下雜誌》與內部使用的編採教科書、華爾街日報主筆出版的《報導的技藝》（以前用的是英文版），叫做摘要句或概括句（summary sentence），目的就是每段要先講主題重點，再說明細節。

雖然主管都有教如何運用，但我當時不明白道理緣由，也只能硬套，並不了解段落思考的意義與重要性。

如果去注意其他雜誌記者的書寫，大部分也掌握不好主題句的運用。一般報紙、甚至網路媒體，文章段落也幾乎都是又厚又長，沒有重點，不易閱讀。

為了幫助大家更好理解主題句、摘要句，我改成**魚骨寫作法**來具體說明。魚一定是先長出骨骼，再沿著骨頭脈絡長出血肉，這跟寫作的道理一樣，魚頭就是主題句、摘要句，魚頭之後緊連著魚骨，就是這段的主題重點，魚肉就是沿著魚骨長出的內容，這是支持主題的內容細節，接著魚尾就是這段的結論，與魚頭首尾相連。

魚頭句就像森林的路標指示，或是收納盒上面的標籤。這個好處是讓讀者一眼就知道重點，大略知道段落要講的內容，如果時間有限，只看每段的魚頭句，就能了解文章整體意思。

能充分運用魚頭句，文章就能聚焦有重點。因此，厲害的魚頭句，要具有重點力三S原則，包括簡單、簡短與具體，才能幫助讀者好讀、好記與好理解。

魚骨寫作技巧不只重視開場的魚頭句，也強調段落的結論魚尾句。史壯克在《英文寫作聖經》強調，他的主題句原則是幫助讀者閱讀，並持續掌握該段落的目的，因此段落結構分成三階段，主題句在首句或前幾句出現，第二是說明主題句的解釋與敘述；第三是末句強調主題句的想法，或陳述一些重要結論。

運用魚骨三階段寫作，才能寫出完整段落：用魚頭句開場，再以魚肉情節闡述魚骨主題，魚尾要有結論，才能開啟下個段落。下個段落開場，就要扣緊

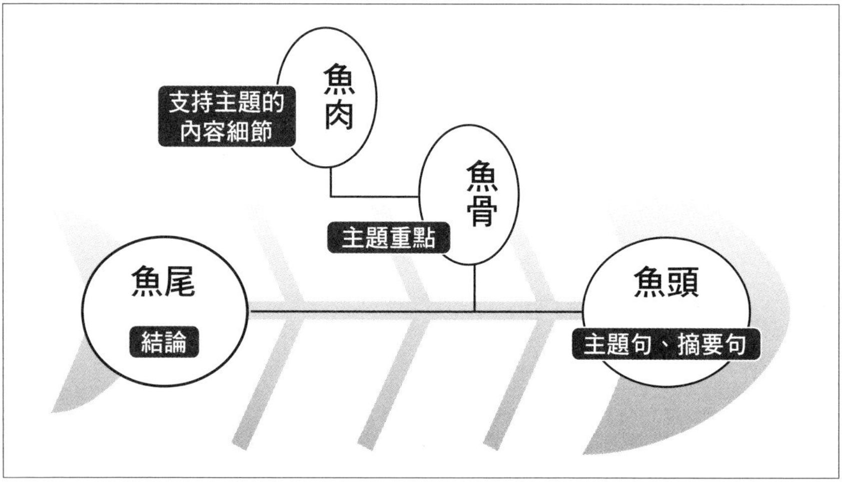

表6-2，魚骨三階段寫作法

上一段的魚尾句，段落之間才有邏輯關聯。

回答本篇開頭賣的關子。既然媒體主管都有教這個寫作概念，我後來怎麼學會運用的呢？我除了拆解優秀的資深記者作品，了解他們怎麼運用魚頭句，還會去注意寫不好的同業文章，整理出他們的問題，都是文章重點不明、結構不清，以及段落太厚。

這些問題的共同核心就是思考不精準。我開始練習改寫這些劣質文章，開頭應該怎麼寫會更好？每段拉出魚骨主題，重新改寫魚頭句，精簡魚肉內容，改寫魚尾結論。

這個大量有意識的刻意練習，等於幫這些文章重新做醫美整型，我也持續應用在自己的報導內容，持續精進寫作能力，能夠駕馭一萬字的長文章，也能提點、修改部屬的文章。即使我現在已出了八本書，還是持續努力練習，讓魚頭句越來越簡潔有力。

這個逆向練習過程，是最好的精進實作。我的經驗也呼應《寫作風格的意識》所說：「作者的寫作技巧，來自發掘好文章的例子，品味它並做出逆向工程。」

這段刻骨銘心的經驗，讓我掌握寫作這個簡單卻不簡單的祕密。我深刻了解到，魚骨寫作就是最基礎的工夫，能夠靈活運用，寫作功力就能大幅躍進。因此，我在寫作課第一堂就直接教重點力的魚頭句寫作，課後作業只要求學員大量練習運用魚頭句，我也會在課堂與作業點評修正。

不要慢慢來，每段主角立刻閃亮登場

我從學員的魚骨寫作練習發現，大家並不習慣這種逆向思考的寫作方法。最常見的問題有兩個：第一個問題，魚頭句還是藏在段落中。要讓大家想清楚魚頭句，很花時間。有一位學員先用傳統寫作法，十五分鐘就寫完了；接著他改用魚骨寫作法，要寫好魚頭句，說明魚肉內容與魚尾結論，就花了三個小時。學員說，要想清楚再寫，是一大挑戰，因為沒有勇氣第一句就破題，總喜歡鋪陳迂迴。

第二個問題是，魚頭句用得很生硬。每段開頭寫出一句簡短的話，但是跟後續魚骨主題扣連不起來，或是句子寫得很長，已經失去魚頭句簡短有力的意義。

以下的例子，是學員上完第一堂課重點力的讀後心得，要練習運用魚頭句。

學員版

創新與感受力總在時間流逝中忘記了。靈感總在刺激中產生、在時間漏斗中消失，痛苦和快樂的感覺會忘記，但寫下記憶的文字可以被留下。

我妹妹常跟我說小時候的事，我卻總是忘光，只有她說，我才想起。不像妹妹一樣有數十年記憶力的大腦容量，所以我很嚮往能透過書寫，把美好的記憶記錄下來。

讓記錄的文字變成有意義的影響力。我很羨慕在社群媒體上自在發表文章的人，無論是學習、旅遊、事件觀點、職場、彩妝、3C、料理心得……等，因為主動分享，所以能夠透過搜尋與瀏覽，得到新知、啟發或解答。

懷抱著延長記憶力和貢獻所學的決心，來報名了寫作課。

以下是我修改魚頭句、修潤句子後，更為緊湊的2.0版本。

修正版

創新與感受力總在時間流逝中消失，寫下記憶的文字可以被留下。

但我記性不好。妹妹常跟我說小時候的事，我卻總是忘光，所以很嚮往能透過書寫，把美好的記憶記錄下來。

文字不只用來記憶，還可以變成有意義的影響力。我很羨慕在社群媒體上自在發表文章的人，無論是學習、旅遊、事件觀點、職場、彩妝、3C、料理心得……等，因為主動分享，所以能夠透過搜尋與瀏覽，得到新知、啟發或解答。

懷抱著延長記憶力和貢獻所學、對社會產生正面影響力的決心，我報名了寫作課。

很多內容重複，刪除才夠緊湊、有重點

這句就把記性不佳的問題囊括了，不用再多說

這個修改讓魚頭句更清楚，也連結到上一段結尾，要記錄美好的記憶，兩段才有關聯

補充對社會正面影響力這句話，讓貢獻所學的意思更清楚

解析 這個案例的問題，在於過去的寫作慣性：

❶ 喜歡把重點、主題藏在段落中，似乎怕被人一眼看穿。

❷ 想法不聚焦，邊寫邊想、邊想邊寫；寫完後，沒有仔細消化想法，到底要呈現什麼主題？沒想法，就端不出魚頭句。

❸ 段落間沒有關聯，上段的魚尾句沒有跟下段的魚頭句有關聯，讀起來會有不知所云的感覺。

練習魚骨寫作的方法

要練習好魚骨寫作，第一件事就是**勇於呈現自己的想法**。你的想法與重點就是主角、大明星，立刻要閃亮登場，接受台上群眾歡呼的人，總不能將配角先推上台，主角再上去，那就遜色了，也無法讓觀眾了解你的魅力與特色。

如果你連自己的主角都不清楚，讀者就更不清楚，因此要磨練好聚焦思考的能力，才能充分運用魚骨寫作法。

練好魚骨寫作的第二個方法，就是**多看紀錄片**。大家可以留意國內外知名紀錄片，或是國家地理頻道、《Discovery》，這些作品的特點是會用一句話串場，講出一個重點，後面剪接出支持這段話的畫面，例如野生動物追逐、或是一些數字，一個人的引述。

文字要簡潔有力，才能帶領讀者感受與瞭解接下來要呈現的畫面，我自己也經常看紀錄片（切記不是看台詞）每個主題的魚頭句，並猜測後面可能出現的畫面。

大家不要誤會魚骨寫作只能用在理性論述的文章，其實小說、或是說真實故事，還是經常應用到魚骨寫作，它能幫助行文流暢，讓文字更俐落簡潔。

日本推理小說大師東野圭吾的小說、甚至是武俠大師金庸的作品，他們的段落都很簡單，並善用句號，每段先有一個魚頭句開場，可能是說明一個狀態、情境或心理感受，緊接著就是動作畫面或對話，這都屬於魚骨寫作法的範圍。

回顧與練習

請將你寫過的文章（例如簽呈、公文，或各種寫作主題）重新拆解、整理每段文字，並運用魚骨寫作來改寫。

練習1 **逆向拆解：**練習用三S原則，改寫舊文章的魚頭句；練習重點：用一、兩句話來寫出魚頭句。

練習2 **撰寫應用心得：**比較修改前後的差異，再運用魚骨寫作寫出應用心得。

第7課

結構力（一）

邏輯金三角的思考內功

我當記者時，隔壁來了一位新進記者，我發現他每天一直在電腦前寫稿，有時發呆、抱頭苦思。原來他的文章屢被退稿，反覆修改，主管還是不滿意，結果越改越亂。

他告訴我，他努力採訪了許多人，將每個人講的話整理出來，也一直調整文字技巧，為什麼主管還是不滿意？我看完他的稿子，發現不是技巧的問題，反而是很多地方交代不清楚，導致文章流於表面，內容不深夠入。我鼓勵他趕快補充更多角度的採訪，並且要多追問想法的來源，把邏輯弄清楚，文章才能讓讀者理解，也才能說服他的第一位讀者——主管。

不只是記者，包括我，還有許多職場工作者，在寫作、簡報、寫信或企劃書上，也曾遇到這種邏輯混亂與文章結構不清的問題。

追究這個問題的外部因素，首先是教育方式的影響。當我們在學校只是被動接受知識的輸入，沒有練習邏輯推理的思考，不善於深度學習，導致我們的表達只在表面打轉，無法切入核心。其次是網路訊息發達，找資料很容易，讓我們習慣將內容複製貼上，最後的成果看似豐富，實際上卻是零散破碎，缺乏鋪排整理。

寫作的目的，在於清楚表達你的想法或情感，無論是理性論述文章，還是感性的抒情散文，甚至詩歌，都需要結構的聚焦與引導，才能駕馭龐雜的想法與資料，呈現有條有理的內容，讓他人能理解，達到溝通目的。

因此，學習重點力之後，還要強化結構力。結構力分成內功的結構思考心法，以及外功的結構寫作方法，這堂課以結構思考為主，運用在段落思考的小結構，以及整體文章的大結構，才能讓文章有清晰的力量。

書寫上的快思慢想

教寫作班的過程中，我發現一個有趣的現象。學員在寫課後作業時，總是反映很不習慣，甚至認為自己不會寫作了。因為過去憑著感覺，想到什麼就寫什麼，現在卻要先寫重點魚頭句，再寫後續內容，導致要思考很久才能下筆；即使寫了，還得反覆檢查修改，甚至得大量刪除不相關的句子與段落。

魚骨寫作練習違反學員的寫作慣性。他們產生疑惑，原本想學快速有效的寫作方法，上完課之後反而寫得更慢，甚至有人更害怕寫作。

隨著學員慢慢熟悉這套寫作模式之後，他們逐漸越寫越快，能夠快速建好結構，有效抓到重點，再開始寫內容細節。在十堂課結業時，大家紛紛說自己變聰明了，我很驚訝，大家原本不就都是聰明人嗎？

當閱讀諾貝爾經濟學獎得主、知名的心理學家卡尼曼（Daniel Kahneman）的著作《快思慢想》之後，我找到答案了。

卡尼曼認為，人有兩種思考模式，來面對每天的決策。第一種是直覺反應的快思，就是不假思索、不經思考便得出結論，或是以過去的經驗、既有印象來應對；第二種是深思熟慮的慢想，需要花時間對事物進行理性評估，相對出錯的機會較少，卻得花力氣克服自身惰性，進行深度思考。

那些流於表面、不夠深入，或是邏輯混亂的文章，往往是只憑感覺下筆，或是趕時間寫成，甚至只為了應付主管的交代，沒有運用慢想。

慢想的寫作方式，需要仔細推敲的邏輯思考。這是一種把複雜事情組織化、條理化的方法與步驟，要找出想法、句子之間的前後順序或上下從屬的邏輯關係，也就是主題力（二）提到的垂直思考。

魚骨寫作的邏輯金三角

什麼是邏輯？根據《麥肯錫新人邏輯思考五堂課》指出，邏輯是由三個元素組成的黃金三角結構，包括「主張」、「根據」與「結論」，或是白話一點，由「認為」、「因為」與「所以」三個詞組成，運用這個推論結構，溝通表達才能讓人理解，否則容易在細節打轉，掌握不到重點，也無法提出讓人信服的證明。

邏輯思考也是一種結構思考。結構是事物背後主要元素的運作關係，結構力就是創造各要素的連結與整合，讓關係井然有序、有條理脈絡的能力。文章要有說服力，就得運用黃金三角結構，先打好邏輯地基。

以魚骨寫作為例，每個段落就是一個小結構。魚骨中間的脊梁就是主題，魚頭是「主張」的句子，接下來脊梁兩旁延伸的魚肋骨，就是邏輯結構，沿著肋骨長出的魚肉就是一句一句彼此相扣，用來說明、解釋主題的內容「根據」，最後的魚尾就是再度主張、確認主題的「結論」。

文章邏輯順暢，代表思考清晰。對讀者來說，文章有重點，段落分明，整個推論過程都讓人信服，不容易有卡住疑惑之處，閱讀過程就像溜滑梯，一路滑下、流暢無阻礙。

我在寫作課上請學員進行小組採訪，並報告訪談重點，其中有一組提出「社會系女生的反社會性格」。我很好奇為什麼要用「反社會」的字眼，請他們仔細說明。原來，受訪的女生在台灣唸社會學，出國唸國際政治，卻不喜歡被約束，自認有反社會性格，後來愛上植物帶來的香氣與氛圍，決定放棄學位，投入花草精油的領域中。

然而，他們報告的內容，卻跟這個魚頭句「社會系女生的反社會性格」沒有邏輯關聯，**只是聽到受訪者丟出的名詞，沒有深思追問就下判斷，思考廣度不足。**要做調整與修正的話，不是要改變內容，就是得發想新

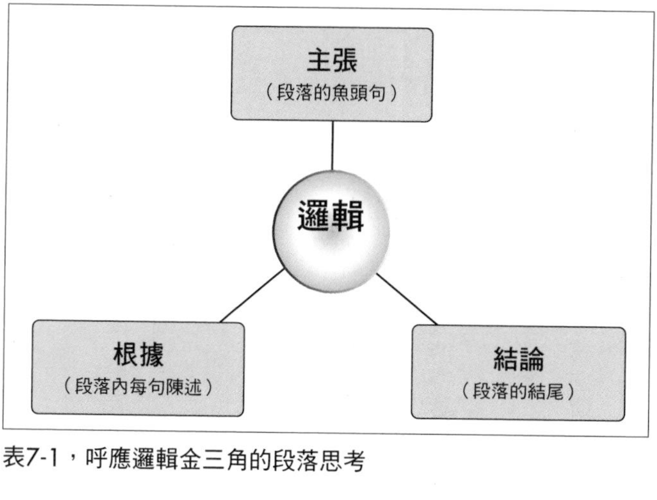

表7-1，呼應邏輯金三角的段落思考

的魚頭句。我建議了另一個魚頭句，「從學術人變植物人」，後面再說明她如何從學術領域轉換到植物香氛專業，這樣就有邏輯關係了。

確認魚頭句與內容重點，這整個過程需要慢思細想，不斷檢視，就像一階一階吃力往上爬樓梯，最後從讀者角度逆向思考，讓讀者有溜滑梯的順暢感，才能精準溝通。

跟賈伯斯學結構力

過世的蘋果執行長賈伯斯，其實是一位結構力大師。一九九七年，當時的蘋果電腦已經瀕臨瓦解邊緣，產品太混亂，有四十多種產品，包括電腦、筆電、印表機、掌上電腦，每種麥金塔電腦更有不同規格與零件，產品線過於複雜，品牌定位混亂，不只消費者搞不清楚，連內部工程師也不了解。

當時蘋果只剩九十天就要破產了。有人問當年如日中天的戴爾電腦執行長戴爾，如果他接管蘋果電腦會怎麼做？他大聲回答：「我會關門大吉，把錢還給股東。」賈伯斯就在這個風雨飄搖的時刻，重返蘋果，擔任臨時執行長，嘗試讓蘋果起死回生。

在《賈伯斯傳》有一段生動的描述。賈伯斯在一次大型產品策略會議上，已經受不了冗長無效的討論，突然大喊：「這簡直瘋了！」決定拿起一隻奇異筆，以白板為框，畫了一條橫線與直線，分成四格矩陣，直線上方各寫「一般消費者」與「專業人士」，橫線左側各寫上「桌上型電腦」與「可攜式電腦」。

他對著團隊說，蘋果的任務就是為這四個領域各製造一種偉大的產品。蘋果就因為這四個方格重新聚焦，逐漸邁向另一個巔峰，消費者也因此對蘋果有清楚的認知與期待。

賈伯斯示範了結構力的精髓。過去蘋果的問題是沒有結構，每個人都只埋首自己的產品內容細節，讓產品無限蔓延，不只失去整體觀，也陷入越來越複雜混亂的流沙中，走向集體毀滅。賈伯斯透過精準的定位與分類，重建結構，讓品牌能簡化聚焦，拋出一條繩索，將大家從流沙中拉出來。

結構力這條繩索，讓我們能透過慢想找到主題與定位，擁有整體格局之後，接著找出關鍵重點元素，建立穩固的結構，再填入最適合的內容，去強化主題定位。

我們可以將結構當成是一個硬體，裡面要灌入豐富的軟體。例如有了書架，書本才能分門別類放在適合的位置。結構也像建築體，蓋房子先要打好地基，接著立鋼筋、建樑柱，基礎結構都穩固了，才能灌漿灌水泥，有了室內結構，才能做後續的室內裝潢。

寫作也需要無形的結構硬體。沒有結構，文章就是一大坨沒有骨架支撐的血肉，無法站起來，有了穩定的結構，內容才能依序填入，傳達文字的力量。

我們可以運用四個方格的象限來思考結構力，或是上一堂課重點力（一）的魔術數字、找出三個重點。運用二的分類切出四象限，或是找出三重點，都能幫助你架出文章好結構。

結構力就是創意力

結構力還有一個關鍵，就是分類的創意能力。除了要找到事物的關鍵要素，我們還需要不同的觀察與創意，運用獨特的分類能力，才知道要怎麼規劃安排，有效布局。

比方過去蘋果產品就是大量的「機海戰術」，消費者想要什麼，通路經銷商想要什麼，總公司就不斷提供新產品來滿足顧客，導致同一個產品線有十多種不同規格，從作業系統、零組件、組裝方式都不同，只有瑣碎的小分類，沒有創意的大分類。

賈伯斯則是從市場未來進行思考分類。先找出顧客定位，以及顧客的使用方式，他運用二分法，分割出四種定位，運用簡單的結構把複雜的問題結構化，將思緒集中在結構中，思考會更深入、更有效率，甚至更有創意。

因此，結構力不只是深入的邏輯思考，更是多元的創意思維。為什麼結構力就是創意力？因為兩者的核心就是**整體觀**，知道自己的定位與方向，才不會陷入細節流沙的困局。

總結來說，結構力就是一種思考步驟與方法。先釐清主題定位與方向，接著化繁為簡，找出核心關鍵要素，最後了解要素之間的脈絡關係，找出順序與關聯。簡單，非常不簡單，賈伯斯也引用達文西的說法：「簡單是複雜的極致表現。」

開始練習結構化思考

當寫作有了結構力這條繩索，作者可以俯視文章全貌，讀者也能快速掌握重點。例如每段的魚頭句，就是呈現這段的整體樣貌，每個區塊重點也是展現這個區塊的方向，整篇文章的觀點，也幫助讀者夠快速掌握文章重心，不會一直猜疑作者到底要寫什麼。

我曾帶領一場台大農業總裁班的「精準表達力」課程，學員在現場分成小組討論他們遇到的溝通問題。最後，現場列出的問題包括：講話沒重點、無法拿捏情緒、希望講接地氣的人話、如何簡化複雜資訊、如何讓員工透過溝通徹底執行任務、客戶需求不清楚、資深與資淺員工的溝通有問題、跨部門溝通有問題、如何讓消費者清楚知道產品特色、希望讓生產線員工明瞭生產排程，徹底執行。

我在課堂上將這十個問題與需求，都寫在白板上，接著找出關鍵元素，才知道如何對症下藥，幫助他們提升精準表達力。我利用課程中間的午休時間，由這十個項目出發來思考，重新架構課程內容。

找出結構的思考，可以有三步驟：第一是確定主題定位，就是精準表達的需求；第二是能簡化訊息，找出關鍵元素；第三是釐清關鍵元素彼此的關係，建立新的結構。

我畫出的結構（見下頁表7-2），是從上游到下游的三個關鍵元素，客戶、公司本身與消費者。公司如何了解上游客戶需求，公司如何讓下游消費者了解產品特色，第三是公司內部的溝通，包括部門之間的溝通，生產線上的執行力、資深與資淺員工的溝通，以及企業總裁與員工之間的溝通。

有了這個結構圖，我再一一檢視學員提出的溝通問題。這樣做的好處，是讓身為講師的我能夠更妥善地安排學習重點，才能滿足學員需求；第二是讓學員知道自己的問題，在結構中的位置；第三是讓學員理解，要先學習結構化思考，才能精準表達。

我鼓勵大家，慢慢練習多傷點腦筋，培養結構化思考的內功，下一堂就進入結構化寫作的招式，讓寫作更精準。

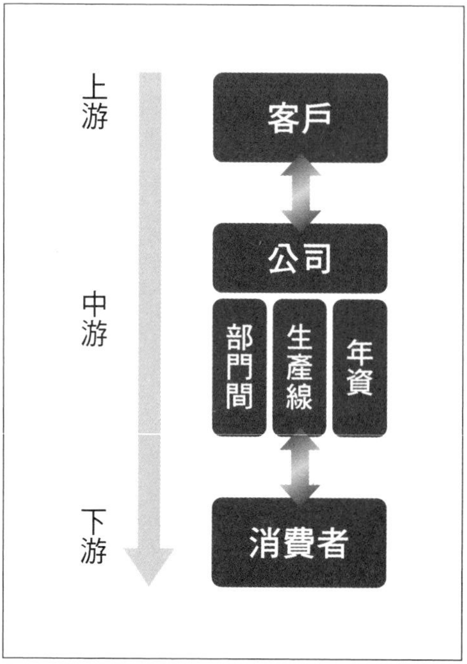

表7-2，溝通問題與學習需求結構圖

回顧與練習

這堂課教兩個結構化思考的方法：（一）運用邏輯金三角，進行魚骨寫作法，讓段落思考更扎實。（二）大結構的思考，從三重點與四象限，讓文章有穩定的結構力量。

（練習1）**畫出自己文章的結構圖：**找出自己寫過的文章，重新畫出結構圖，可用三重點或四象限來整理。

（練習2）**畫出別人文章的結構圖：**找一篇雜誌或重要的網路文章，畫出文章的結構；若沒有清楚的結構，可嘗試改寫，運用結構化思考找出關鍵元素，重新建立結構。

第8課

結構力（二）

金字塔外功，讓寫作更精準

哈佛大學創新教育專家華格納，與創投企業家汀特史密斯合著的《教育扭轉未來》一書，引用了美國國家教育進展評測，對高三生寫作能力的分析，五二％的學生屬於基本程度，也就是文章思路具有一致性及完整結構，並能經由文字敘述充分表現想法，文章所使用相關細節與舉例說明，應能支撐或擴展主要論點。

另外，二四％學生屬於文筆流暢，除了基本程度外，還多了可用清楚、簡潔，具有邏輯方式呈現想法。最後只有三％的人達到妙筆生花的高階程度，增加精心布局的用詞，透露清晰的主張，以及強大的修辭能力。

美國國家教育進展評測的標準，其實也是職場寫作溝通的基本標準。文筆流暢是重點，妙筆生花的修辭能力並非基本配備，而是需要能支撐文章站立起來的結構。

金字塔原理寫作法

寫作結構是一種文章布局的方式，讓內容有支撐的骨架，幫助作者清楚簡潔呈現想法。我認為，多數文章的問題，來自前述段落思考與句子思考的差異。學寫作不是花時間練習成語，堆砌華麗句子，而是要練好邏輯思考、段落思考這些基本結構。

我要介紹另一種精準有力的寫作結構，供大家練習。不知道大家是否觀察過，香檳塔的搭造，一定都是從下而上；先打好基礎，再一層一層往上堆疊。越往上搭、香檳杯就越少，塔頂就只有一杯，這時就呈現一個金字塔形狀的香檳塔。

搭完香檳塔，接著從上而下倒入香檳，香檳順流而下，依序斟滿每個高腳杯。當我們開始取香檳杯慶祝時，也得從上往下拿，香檳塔才不會傾倒。

換個角度想，寫作就像是搭香檳塔。作者先從底部思考、整理資料，一層一層找出重點，慢慢往上堆砌想法，最後呈現那一杯獨到的觀點與結論。

從讀者角度來看，反而是由上往下取香檳來喝。讀者先看到香檳塔的脈絡，再看到最上面的觀點或結論，由上往下依序閱讀，就能了解整個香檳塔是如何建構而成。

香檳塔具體展現了寫作的結構。在企業管理界，知名的麥肯錫顧問公司就將這種思考、寫作與解決問題的邏輯方法，取名為「金字塔原理」。

芭芭拉．明托在《金字塔原理》強調，文章寫不清楚，原因除了句子太冗長累贅，太專業抽象、或段落鋪陳很糟糕的個人風格之外，第二個更普遍的原因，則是文章結構的問題，作者表達這些觀點的順序，跟讀者大腦處理閱讀內容的能力有衝突。

明托強調，讀者都是先接受主要觀點，才會再去了解次要、支持性的觀點，也就是由中心思想綁著好幾組觀點所累積的金字塔結構。透過從上而下的呈現與說明，可以輕鬆地將觀點傳給讀者，再由上往下一層一層解答讀者疑問。

我融會貫通《金字塔原理》裡的寫作概念，予以簡化並加入自己的觀點，重新建構了自己的金字塔寫作版本。

金字塔寫作是從觀點、重點到情節，由上往下組成。但是構思過程中，往往都是**從倒金字塔來思考**，從一堆資料中消化、歸納出重點，再提出自己的觀點結論。除了獨有的觀點，支持觀點的重點，還要有效打動、說服讀者的情節內容，這樣一層一層的構思，才能讓金字塔的基礎扎實穩定。

金字塔可以很簡單，也可以很繁雜，就像俄羅斯娃娃一樣，是一層一層金字塔交疊而的概念。支撐第一層觀點的第二層重點，也是一個小金字塔，是由支持重點區塊的下層段落群組成，如果再細拆到每個段落，也是一個小小金字塔。

看似繁複的金字塔，只要掌握金字塔原理，就不會讓作者與讀者失焦。論述過程都先說重點，再說細節，讓讀者在閱讀時，能透過流暢的邏輯推論，加上吸引、說服人的內容，傳達精準寫作的目的。

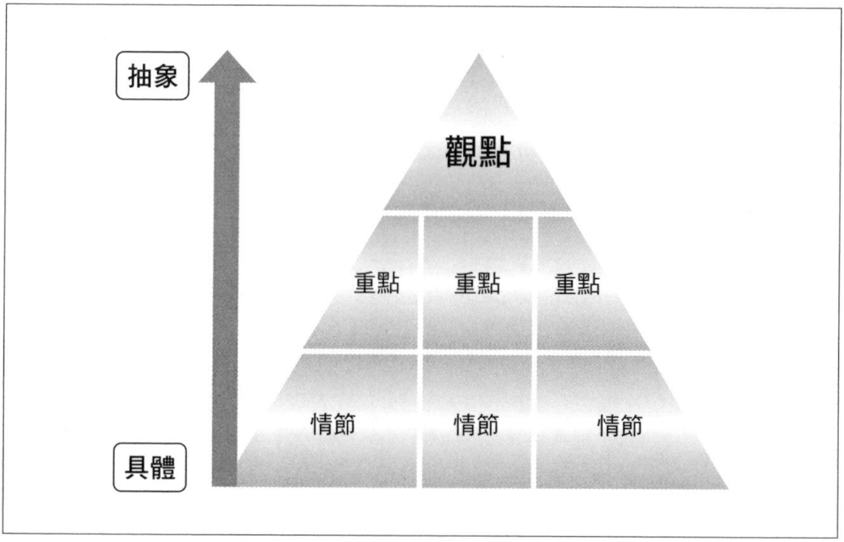

表8-1，金字塔寫作結構

思考視覺化，寫作更精準

這樣的寫作結構簡潔明快，可以更符合現代職場、網路時代的溝通需求，以及新課綱素養導向的表達。為什麼我會這麼有自信？

我的寫作課學員裡，有不少是高中、國中的國文老師，他們教作文有兩個困擾。首先得講述題目情境，示範可以參考的寫作方向與內容，學生接著練習。由於學生不太會歸納重點，導致文章鋪陳過長，除了模仿老師或課本的寫法，也只能用大量的成語與修辭來點綴文章。

其次，既有教學不易培養學生的觀點。老師過去多半教學生起承轉合的敘事文，近年的會考作文，則逐漸轉向呈現觀點的論說文，再加上新課綱希望培養學生的個人見解，老師如果不改變，現有的教學法難以幫助學生提升寫作能力。

這些來上寫作課的國文老師，希望找到新的寫作教學法，不只培養學生個人見解來應付考試，還能用在推甄與職場上。

有位老師實際應用了金字塔結構教學生作文。她以國文課本的〈五柳先生傳〉為例，提問，「你覺得五柳先生是個什麼樣的人？找三個例子來支持你的看法」。她讓學生兩兩一組、運用金字塔來討論，先討論觀點，再去思考支持的三個重點。學生報告時，老師再引導學生進一步思考，澄清觀點與重點。

她也以國中會考題目「我們這個世代」為例，請學生分組練習。有人就主張「我們是動漫世代」，三個支持重點分別是：❶因為喜歡某個角色，會從事角色扮演。❷會為了參加動漫展徹夜排隊。❸瘋狂排隊搶購動漫電影首映會。

這個討論與畫金字塔結構圖的過程，讓學生練習思考與聚焦。先思考觀點與重點，就不會在字句修辭的細節上打轉，等到完成大方向與文章結構，行有餘力，再去美化文字。

金字塔結構的縱軸，是一個從底層的具象、慢慢往上的抽象化過程。抽象化能力，可以掌握個別現象的共同特性，就能夠簡化現象，找到重點。對於學生、職場工作者來說，有了高度抽象化的思考力，才會有更多水平聯想力與垂直邏輯思考力，建立個人的觀點與見解，增加專業力與溝通力。

金字塔結構還具有視覺化思考的效果，對寫作者有三大助益。第一是透過簡單的圖形，讓作者、學生先從整體大方向來構思，可以進行討論，或自問自答來澄清想法。第二，畫出結構圖，找出更多重點，構思具體內容，再構思草稿，讓想法逐漸成形。第三，寫作卡關時，能根據這個圖形來確認方向，不會迷路。

三種金字塔結構類型：時間、空間與混合

時間結構

金字塔結構能讓思考與寫作更精準，我歸納出三種結構可以加以運用。

最常用的是時間結構。這是最典型的說故事結構，根據事情發生的先後順序，逐漸開展的結構，透過事情變化的過程，傳達作者、或當事人的內在感受與心情。

時間結構強調時間順序，重視因果關係的連結，可以分成過去、現在與未來，也很類似起承轉合。

我過去的書寫主題都跟風土、節氣與飲食有關，但我後來開始重視自我探索與職涯能力的重要性，想以這個為寫作主題。經過構思，確認新書主題是「做有故事的人」，先成為有故事的人，才能說好自己的故事。

我整理自己過去十多年的工作經驗，找出寫作素材。雖然經歷看似豐富，有不少故事，我卻構思半年還沒動筆。因為缺乏一個清楚的結構，能夠將經驗做有條理的分類，才能簡潔有力呈現我的故事與想法。

我突然想起，說故事最重要的是三幕劇結構。在這個結構下，才能把各階段發生的事情做有條理的收束。「做有故事的人」這個主題，為什麼不用三幕劇結構當成章節，來展開故事？

我看到那道曙光了。故事三幕劇有三個重點，開始、中間與結尾，更精確地來說，就是啟程、挑戰與轉變。我根據自己遭遇到的問題，思考自我突破的動機，分類放在第一幕的「啟程」，再把一路上遭遇的種種挑戰，歸納在第二幕「挑戰」，最後把歷練學習的成果，放在第三幕「改變」。

三幕劇解決了我的寫作結構難題。在這三幕結構中，每一幕各有三到五章，擁有不同的主題故事，我只要專注把結構弄清楚，確認各章主題，畫出每章的結構，就能把內容給填入結構中，思緒不混亂，內容才有條理。

空間結構

除了時間結構法，第二種寫作結構是空間結構法。跟時間發展順序不同，空間結構是三足鼎立，每個重點沒有時間發展的因果關係，各自獨立，彼此支持，缺一不可。

從讀者角度來看，兩者最大的差異是，空間結構是開門見山，明確讓讀者知道訴求重點。時間結構則必須娓娓道來，中間不能跳掉任何內容，看到最後才知道變化結果。

以前文國中老師的提問為例，

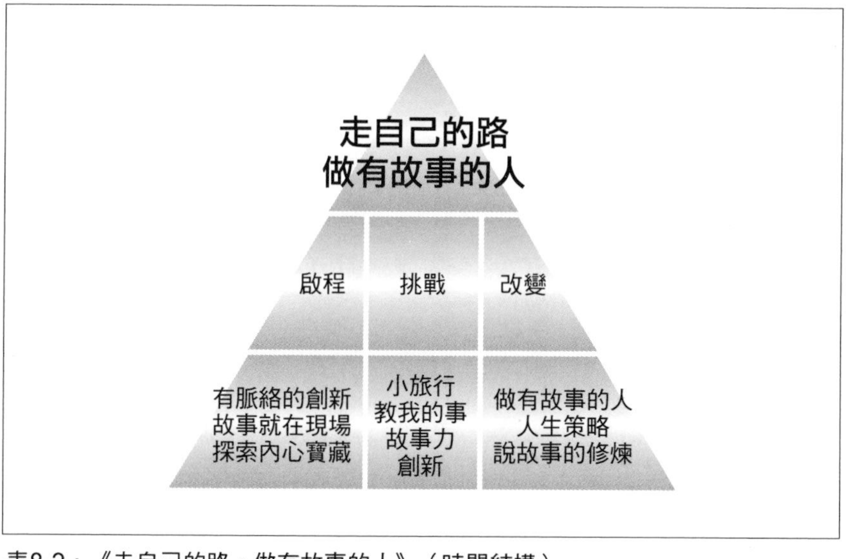

表8-2，《走自己的路，做有故事的人》（時間結構）

「你覺得五柳先生是個什麼樣的人？找三個例子來支持你的看法」。

以時間結構來論，如果用起承轉合，就要舉出例如童年的啟發、造成青年的影響，最後是壯年的改變，但最後「五柳先生是什麼樣的人？」得鋪陳到最後才有結論，不能簡單清楚地交代見解。但若換成是空間結構，學生可以思考五柳先生的三個重點特質，找出支持自己三個看法的例子，並注意三個特質的關聯性，就能解釋清楚。

寫作課有個課後作業，請學員回去採訪一位讓你佩服、或感到好奇的人物，在課堂上運用金字塔結構進行報告。一位國中生物老師採訪一個高中餐飲科主任，分組報告時，他要用十分鐘對組員分享重點，他興高采烈說故事時，我卻看到組員已經打呵欠、注意力渙散了。

我請他挑重點講，他卻認為每個階段都很精彩，必須從頭說起，但聽眾卻抓不到重點。

聽完內容之後，歸結是菜鳥主任奮鬥史。由於資歷不深，臨危授命接任科主任，因為資深老師都離職了，為了解決問題，主任得找餐飲界業師來幫忙，同時還得招生，內外都是一連串挑戰。

我建議用空間結構切入，主題是「二十四歲菜鳥主管如何逆轉勝」。一開始就說明她的挑戰，運用空間結構提出三個解決方法。比方對內安撫人心，對外如何找尋業師，以及想方設法吸引學生就讀。

這三個重點彼此相關，幾乎同時發生，用時間結構來說明，重點就會牽扯不清，讀者無法了解，容易迷路。用空間結構來分割，路標清楚，三個重點就能各自深入說明，也能引起讀者興趣。

混合結構

如果想說故事，但是不想依照時間軸慢慢鋪陳，要快速切入重點，還有其他寫作結構嗎？

賈伯斯在二〇〇五年史丹佛大學畢業典禮的演說，是一場動人的演說經典，他的演說結構，也值得當成寫作結構的參考。

他一場就破題：「今天，我很榮幸能參加全球頂尖學府的畢業典禮，和你們共聚一堂。我大學沒畢業。說實話，現在是我離大學畢業最近的一刻。今天，我要跟各位分享我人生中的三個故事。我不談大道理，只說三個故事就好。」

開場後緊接著說：「第一個故事，是關於人生中的點點滴滴怎麼串連在一起。」這個故事談的是他的身世，養父母支持他上大學，但因為學費太貴了，他決定休學，但還是去旁聽他有興趣的課，他上了書法課，學到美麗的字體，以及不同字母組合的變化，最後他在設計第一台麥金塔電腦時，就把當年學到的書法字體，加在電腦中。

賈伯斯繼續說：「我的第二個故事是關於愛與失去。」他分析創業歷程，以及被董事會趕出公司的痛苦，他成為失敗者，卻重新釋放自己的創意，陸續創辦兩個公司，他才發現要找到自己熱愛的事情。

第三個故事是關於死亡。他談到罹患癌症與治療過程，重新思考生命與死亡的意義，以及聽從自己內在的勇氣，找到挑戰與希望。

最後賈伯斯做了最精彩動人的總結，期許畢業生「求知若渴，虛心若愚」。

賈伯斯示範了第三種寫作結構，混合空間與時間的結構，我稱為混合型結構。先用空間結構說明三個重點，包括人生中的點點滴滴怎麼串連在一起、關於愛與失去，以及關於死亡，這三個重點彼此各有訴求，沒有時間序列的因果關係。

空間結構架好之後，再用時間結構傳達情節內容。每個主題各有三個彼此相連的重點，用來傳達、

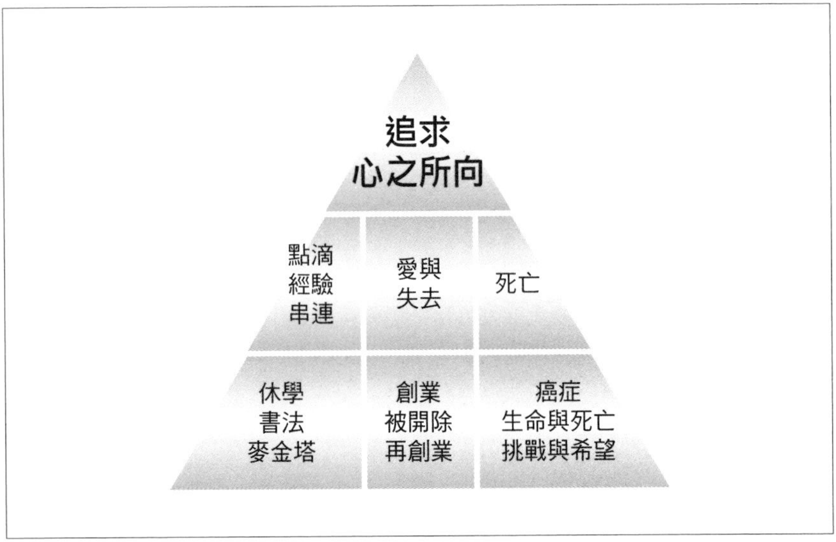

表8-3，賈伯斯演說（混合型結構）

支撐他的重點。

混合型結構幫助寫作者簡化與聚焦，藉此能夠找出重點，適當切割內容，再用小故事傳達。如此故事不會拖太長，也不會陷入要寫出細說從頭的自傳。

混合型結構也幫助讀者好理解。分別用三個重點當開場主題，讓讀者有初步的脈絡認知，再透過時間結構發展小故事，讓讀者獲得感動。最後，這三個重點又再次強化主題，期許畢業生找到自己熱愛的事情，「求知若渴，虛心若愚」。

不只是賈伯斯運用混合型結構，許多精彩的十八分鐘ＴＥＤ演講，也是運用這個模式，適度地切割重點，運用小故事幫助讀者理解，最後再串連回主題。

金字塔結構看似很簡單，但是每一步都是基礎的馬步工夫，簡單之中，反而有各種變化。

有結構的限制，才能發揮更大創意。儘管只有三種結構，但是每個人的想法、經驗與見解不同，就能激發寫作的獨特性。

回顧與練習

這堂課教三種寫作結構，時間、空間與混合。

練習1 畫出金字塔結構：請將你正在寫、或正在構思的文章，畫出金字塔結構。

練習2 整理舊文的金字塔結構：請找出自己不滿意的舊文章，重新畫出金字塔結構圖，看看會不會有差異。

練習3 拆解別人文章的金字塔結構：從網路或雜誌文章練習，能否快速畫出這些文章的金字塔結構，了解文章到底在說什麼？

第9課

情節力（一）

如何讓文章感動人

離開媒體後，我開始寫第二本書《旅人的食材曆》，角色也從記者變成作家。出版社編輯提醒，相對其他知名作家，我並沒有太多名氣，要寫出自己的特色，才能建立品牌。

我自認有不錯的寫作能力，轉型應該游刃有餘，沒想到遭遇很大挑戰。「華麗優雅的文字，要輕輕滑過，還是有所撞擊，留在讀者心中？」這是編輯看完我的書稿後，給予誠懇、專業又犀利的建議。

起初我認為這是挑毛病，冷靜思索後，才發現編輯一眼就看穿我的寫作問題。在寫作過程中，我對台灣一些鄉鎮、物產的了解並不夠深入，只能用漂亮文字去形容與描繪，或引用清代詩人書寫台灣風土的詩作來增加內容，看似有學問，其實是包裝自己認知的有限。

我以為只要揮灑寫作技巧，就能輕易攫取事物的靈魂，但是將每本書視為生命之作的編輯，看的是修為，而非技巧。

當時《旅人的食材曆》銷量不錯，也入圍深具影響力的時報開卷好書獎，最後卻落選了。評審的評語是「文字立意過深」，意思應該是太求表現，反而讓人看出你的用意，容易失去閱讀的驚喜。

出書帶來成就感，也讓我陷入寫作低潮。要從記者變成作家，還有一條很長的路要走，自己的作品真的能感動讀者嗎？該如何調整？我透過閱讀各種書籍，包括景仰的作家劉克襄與吳明益，試圖尋找答案。我發現，他們的文字簡單不華麗，反而充滿重量，讓人感動。

我的問題，也是許多寫作者的問題。首先，要如何讓讀者產生共鳴，甚至帶來難忘的感動。其次，不能只有表面的技巧，沒有深刻的底蘊，反而造成匠氣的印象。

要如何讓寫作進化？我不確定，但下筆這件事沒有速成的味精，得細火慢熬，才有那碗扎實濃郁的高湯。我決定暫時封筆，慢慢修煉讓讀者感動的寫作技藝。

這趟寫作修煉閉關四年。我帶回來的突破技藝，就是情節力。

事實不等於真實，看完不等於理解

如何讓文章感動人？很簡單，也很難。作者很難掌握讀者，不是下感動指令，讀者就會感動。讀者要的不多，只是有沒有站在他們的立場思考，將文章傳達到他們的大腦，並打動內心。

作者希望在讀者短促的閱讀時光裡，創造出難忘的記憶。然而大腦空間有限，即使讀完一篇文章，也難以逐字逐句複誦，頂多只能整理出大概意思，或是引述印象深刻的句子，剩下的幾乎都會忘光。

越想記住，越容易遺忘，但是看電影、追劇，卻不自覺會記住很多精彩畫面。即使是微小的細節，也會烙印在腦海中，就算沒有文字輔助，光看畫面也能理解。

不同的內容形式，為什麼會有這麼兩極化的結果？人類數十萬年演化過程中，打獵、採集與求生，主要都是靠視覺做判斷。透過快速掃瞄眼前事物，就能大致瞭解整體狀況。

相對而言，文字發明才幾千年，法國認知心理學家史坦尼斯勒斯・狄漢在《大腦與閱讀》就指出，這時間太短了，短到還來不及設計一個閱讀專屬的神經迴路。他認為，閱讀真的很燒腦，需要視力集中，逐字掃讀，判斷文字的形音義，最後組成一個有意義的訊息連結，才能了解文章內容。

因此，如果句子太長、內容太複雜、跟讀者無關，大腦就很難記住。

我們常用的知識或觀念，其實是外於讀者的客觀事實。這些外在事實要透過閱讀的消化與轉換，跟讀者自己的主觀經驗相連，才算真正理解，變成讀者的內在真實。

從事實到真實，是作者透過寫作有效組織素材的效果；從閱讀到理解，反而是要靠讀者消化的成果。作者能夠服務讀者的地方，除了運用重點力與結構力梳理文字密林、立下路徑與指標，再來要協助讀者有效率地吸收文字內容，產生畫面、印象，幫助記憶。

這種寫作能力，就是情節力。英國小說家E・M・福斯特（E. M. Forster）在《小說面面觀》舉例，國王死了，皇后後來也死了，這是兩個接連發生的事件，但看似無關，讀者不會有連結感與記憶感。但如果加了兩個字，國王死了，皇后後來也心碎而死，就有了故事情節。

事件跟情節的差異，在於因果關係與情緒感受。國王死了，皇后也死了，彼此只有時間上的關聯，沒有因果關係。多出「心碎」兩字，就有了因果關係，因為國王過世，才導致王后因此悲痛而死，讀者了解了原因，更容易與自己的經驗相連結。因為每個人都有過心碎的經驗，兩者相乘，就產生強大的情節力。

情節力具有魔鬼氈的連結功能。一端是作者的文章，另一端是讀者的感受，寫作要以讀者能理解、感受與連結的經驗為出發點，運用魔鬼氈的鉤子，將讀者的心與文章緊緊黏在一起。

連結人心的情節黏力

魔鬼氈三C好黏力

職場應用的內容，可不是說故事，而是理性的論述或說明，那還需要情節力嗎？情節力可以運用在理性論述的文章嗎？

只要寫作的目的是希望讓讀者深入理解、產生共鳴，甚至記憶深刻，不論什麼類型的文章，都需要情節力。

情節力在魚骨寫作中扮演打動、說服讀者的功能。魚頭句是讓讀者知道重點，預告內容，接著要靠有邏輯的鋪陳，並加入情緒來塑造張力。

情節力要如何發揮魔鬼氈的黏力？在於具體（concrete）、可信（credible），與讓人關心（care）這三個C元素。

只要有具體的故事，就能幫助讀者黏上抽象的道理。好比知識是抽象的，老師傳授知識時，要讓事實變真實，就需要舉出跟學生有關聯的例子，幫助他們理解。

金字塔結構頂端的觀點，也是抽象的概念。金字塔越往下越具體，最基礎的底層就是情節力，透過具體、可信與關心這三個C來黏著讀者。

具體是一種越描越多的表達方式。如果說花園很美麗，「美麗」相對是抽象的，因為每個人對美麗的認知不同；要再具體描述，讓腦海填入更多畫面，才更能感受花園的美麗。例如有多少種花、什麼顏色、氣味，還有鳥叫聲嗎？五感越豐富，畫面越具體，越有感受力。

偉大的作家與演說家都不打高空，而是讓人有真實感受。《邱吉爾演講術》引述希臘哲學家亞里斯多德在《修辭學》表達的重點：「演講者最困難的工作之一，是找到一個恰當的例子，或一個具體的詞彙。」

一九四六年，二次世界大戰剛結束，英國首相邱吉爾在前一年大選失去首相寶座，現在遠赴美國演講。由於蘇聯開始擴張勢力範圍，他思索該如何提醒世人提防蘇聯的野心。他在火車上看著歐洲地圖，用筆從波羅的海穿過波蘭，南下巴爾幹半島直抵亞德里亞海，畫下一條黑線，這可能是蘇聯試圖侵占的勢力範圍。

邱吉爾盯著車廂分隔臥鋪的簾幕發呆，突然靈感乍現，在演講稿寫下幾句話。第二天在演講台上，他大聲唸出來：「從波羅的海到亞德里亞海，一道沉重的鐵幕在歐洲大陸落下。」

彷彿真的有道鐵幕落下，發出巨大聲響。這段有力的文字喚醒美國人與全世界，也陸續進行拯救歐洲經濟的馬歇爾計畫，以及成立對抗蘇聯的北大西洋公約組織。

邱吉爾的文字，不僅具體，而且可信，更讓人關心。具體是有一個「鐵幕」的畫面感，彷彿讓人可以感受；可信是他畫出了一道鐵幕之線，有地點，而且來自他這位重量級人士之口；讓人關心則是因為才剛打完仗，人們渴望和平之際，更不容許有人破壞和平。

可信

可信也是黏著力的關鍵。不能信口胡說，要有根據，才能讓人信服。例如有數字、有消息來源、有你的觀察，或是引述專家或他人的想法，才有說服力。

具體與可信是相輔相成的。如果兩個人在法庭上對質，一方對人事時地物講得很含糊，另一方說得鉅細彌遺，甚至連很多不為人知的小細節都能指證歷歷，法官會相信誰？一定是有根據、有細節，傳達真實感的那一方。

關心

想讓讀者關心，第二課提到ROA思考術，就是在思考讀者關心什麼、在意什麼。一般來說，讀者關心的都是跟自己直接有關的事，或是有熟悉感、有時是新奇有趣的事物。

從脈絡找情節密碼

脈絡

除了具體、可信與關心具有情節黏力，還有第四個C——脈絡（context）。脈絡的功能是幫助讀者理解，將單獨存在的文字、內文（text）整體包含（con）、貫穿連接起來，建立彼此的關係，才能了解前後文的意涵。

要讓寫作內容有脈絡，作者在寫作前就要具備脈絡思考。就像淘金一樣，要從大量的訊息泥沙中找出隱藏的情節密碼，梳理出重點，找出意義。因此，必須了解人、事、時、地、物背後發生的原因，能夠整理出5W1H的元素，就能掌握脈絡。

梳理脈絡，是寫作前最重要的能力。要精進這個能力，就得跳脫自己習以為常的領域，練習在不同訊息中看出、感受出背後運作的脈絡之網，才知道如何有效組織、傳達訊息。

我也面臨過寫作瓶頸，封筆四年，最後找回信心。我的轉變是在這段期間放下熟悉的環境，沉浸在台灣不同鄉鎮村落的生活環境中，嘗試找出不同的特色。我先了解不同地方民間家中的餐桌與廚房，延伸到市場、田裡與海上，藉由當幫工與助手，去觀察訪談與交流，慢慢了解每一家、每一村與每一鄉的人事物，以及背後的風土環境，甚至是更長遠的歷史與族群遷移變化。

有了深刻的觀察與感受，對於外在現象才有更細膩的掌握。偵探小說家卜洛克在《卜洛克的小說學堂》寫著：「線性記憶還沒感官記憶好用。不要把心思花在當時到底發生什麼事情，而要把注意力集中在看到的、聽到的、嚐到的、聞到的感覺。你當時有什麼感受？是怎樣的經驗？」

找到脈絡是情節力的起點。最重要的是根據脈絡找到特色重點，為這些訊息賦予新的意義，才能打開情節密碼，寫出自己的風格。

梳理脈絡，賦予意義

在我的寫作課堂中，情節力的練習，是請每位學員去採訪人物，寫成一篇文章。有位學員採訪他很熟的計程車司機。訪談內容談到他曾開過早餐連鎖店、做過房屋仲介，還有開計程車，內容很豐富，但是資訊渙散，沒有重點。

我建議要以現在的計程車工作為主，因為這位學員熟悉這位司機，又能直接觀察他的工作狀況。透過學員陳述訪談內容細節，我協助整理出脈絡，從脈絡中運用空間結構思考，歸納出三個令讀者關心的重點，分別是：建立搭車熱點的大數據、如何製造熟悉度，讓生客變熟客，還有如何察覺客人是否想叫車。

計程車司機的特色原本跟一般讀者無關，賦予這三個重點意義後，扣合主題「如何創造自己的經營價值」，就是一篇職場與商業運用的好故事。

有了新意，再將情節力放入結構，強化佐證。第一個重點是搭車熱點。這位司機花時間調查客戶密集出現的時段與區域，找出熱點數據，前往載客最容易有生意。第二個重點是他會記錄哪些客人會重複出現，並坐上他的車，記住特徵與需求，下次主動打招呼，讓客人熟悉有好感，成為主顧客。第三個重點是他會觀察路上行人的動作，不等客人招手，立即開到身旁，這樣不斷嘗試，讓他的直覺判斷越來越強。（編按：參考本書第16課）

先整理脈絡，從中找出重點，並賦予新意，再重新組織內容，達到具體、可信與令人關心的效果，就是一篇具有黏力的好文章。

二〇一四年九月，我出版了《風土餐桌小旅行》，與《旅人的食材曆》相隔四年之久。新書邀請飲食文學名家蔡珠兒寫序。她開頭寫著，「洪震宇這本書，肯定是釀出來的。歷經四年醱酵熟成，一掀開，香味就從字裡行間飄溢出來。」珠兒又寫著，「他彷彿有一雙歷史的陰陽眼，能夠穿越時間，透視文化的足跡烙印，貫串起過去和現在。」

創造讀者的三C黏力之前，要先建立自己的脈絡能力，我花了四年才學會這堂課。

回顧與練習

這堂課教三個情節力黏力元素：具體、可信與關心，你的文章有沒有具備這三個元素？

練習1 **放入具體字句：**把你文章裡抽象的字句或形容詞拿掉，換上更具體的字句。

練習2 **找出三C元素：**從網路或雜誌文章練習，找出精彩文章的三C元素。

練習3 **實地訪談：**採訪你覺得有趣、充滿熱情的朋友或同事，從訪談內容整理出脈絡，拉出三個重點，再將有趣的情節分別放入這三個重點中。

第10課

情節力（二）

如何讓文章生動

我曾經參加一個客家飲食座談。我是六位與談人之一，主持人會輪流提出六個問題，請與談人各分享五分鐘。

第一題是「什麼是客家味道」？這個問題很抽象，很難回答。我該如何接招，才能吸引台下上百位聽眾，且不能跟其他專家類似，又能清楚表達我的想法？

幸好我是第四個發言者，還有點時間準備。我拿出便利貼，畫出金字塔結構，先寫下想法：客家味道就是結合在地風土與生活智慧；接著必須具體化，才會有黏力。

我以芋頭的綠莖——芋梗為例，寫出三個重點：台中大甲、高雄美濃與高雄甲仙怎麼料理芋梗，各自的情節就是三地的芋梗風味：大甲不太吃芋梗，因為不好處理，都丟在田裡任其腐爛當肥料；美濃是清炒，加點白醋；甲仙則有三吃——清炒、曬乾煮排骨花生湯，還有加鹽發酵成酸芋梗，用來配粥……

我邊看觀眾表情，邊拿麥克風描繪芋梗的滋味，聽到不少笑聲。我藉著小小芋梗的滋味，傳達不同風土環境如何影響客家人的飲食味道。

主持人注意到我在現場使用便利貼做筆記，也觀察到現場觀眾的肢體語言。「大家聽到換你分享時，會很認真地往前稍微欠身聆聽。」我回答，講話要生動有趣，才能吸引聽眾，但也要扣緊主題，才不會失焦。

講話要生動，文章更要生動，才能引發讀者興趣。說話時可以解讀聽者表情與肢體語言，寫作時眼前沒有讀者，難以判斷，就要靠對讀者的同理感受。

情節要靠關節，讓文章跑起來

在情節力之前的課程，強調精準度，想法、用語都要精確，接下來要學習如何讓文章生動。

生動就是有動作的畫面，有動作的文字要靠動詞，句子與段落中有了動詞，會立刻活起來，充滿主動積極的力量。

段落思考中，名詞與動詞是主要關鍵。史蒂芬．金在《寫作》中說：「一個句子是意思明確，包含名詞、動詞的一段文字，完整的想法由作家的腦袋躍然至讀者的心，用任何一個名詞加動詞，就有完整的句子。」

金字塔的結構就像是人體的骨架，是穩定的硬體，但若沒有力量的帶動，就會很生硬。情節力就是讓金字塔能跑動起來的關節，是發揮關鍵動力的軟體。

接下來看看三種不同類型的文章，如何用動詞讓內容變生動。

第一種類型

談個人經驗、觀察、敘事與遊記，可參考《風土餐桌小旅行》第一章「豐濱人的餐桌故事」開場前兩段：

寒風中，海浪在岸邊來回奔馳，烏雲密佈，海天交界透出淡淡微光。我的朋友耀忠，彷彿是被潮聲召喚，凝視遠方的眼神露出興奮光彩，他矯捷的攀下護欄，回頭對我招招手，隨即在嶙峋巨石間跳躍前進，實在是好身手，我暗自喝采，也趕緊跟上，但耀忠轉眼間已在十多公尺之外了。

離大海愈近，浪擊岩石的拍打聲愈激昂，「要會聽浪看浪，四小浪後跟著一大浪，大浪一退就要起跑，」海浪暫時退去之際，他毫不遲疑往前奔去，半蹲在海水中一面摘海菜，一面將海菜放進腰間的網袋，他的眼神仍不時盯著海浪，二十秒後，大浪再度襲來，他先揮手要我退後，再趕緊轉身往後跑。一會兒浪走了，他又前進蹲下摘海菜，就這樣來來回回十多次，躲避海浪追擊，又像在跟浪潮嬉戲，身影在岩石上輕靈舞動，有如起伏的波浪。

解析 這兩段主要都是名詞與動詞相連，有了動作之後，就有畫面感。主題是觀察阿美族大廚耀忠如何採海菜的過程。我寫了一個有海浪的大場景，身在其中的耀忠，為了採海菜必須跟大海搏鬥的過程。

第二種類型

寫自己的生活經驗或是人生看法，以及生活小故事。適度加入動詞，會讓文章更有自信。可參考我在《走自己的路》描寫女兒參加桌球校隊的心路歷程。

女兒參加桌球校隊的時間並不長，一開始的比賽總被外校對手痛擊。我在現場非常緊張，都是抱抱她，要她記住失敗的原因，勤加練習。女兒總是一早出門練球，放學後繼續練習，教練不苟言笑，嚴格督促，孩子們總是戰戰兢兢。何時才能旗開得勝呢？實在不確定。在北區少年桌球菁英賽中，女兒竟然連勝兩個同年級的對手（過去常對上高年級），看到她表現沉穩，回擊得分時，她興奮地振臂高喊，比賽結束後，我抱著她激動的流下眼淚。女兒沒哭，反而是老爸哭了。我永遠記住那一刻。

解析 每幾句話之中，就會呈現動詞，幾乎很少有形容詞。這些動詞都在強化畫面感，讓讀者有身歷其境的感受，如果太多形容詞，反而會降低畫面感。

第三種類型

偏向論述溝通的主題，運用動詞可以加重語氣、增加畫面感，而不會讓理性分析的文字太枯燥，並幫助理解、加深印象。

可參考《機會效應》第六章「自我破壞的進擊」，談如何創造人生第二曲線。

管理學思想家韓第（Charles Handy）在《第二曲線》（*The Second Curve*）這本書呼籲，必須在第一曲線尚未觸頂前，就展開第二曲線，才能掌握充足的資源（時間、金錢與精力），熬過第二曲線剛開始的底端，開始往上爬升，創造第二曲線的高峰。如果是在滑落之後，才努力逆流而上，不僅需要耗費更多力氣，也會付出更多代價。

但是問題來了，我們怎麼知道第一曲線已達頂峰？還是已經下滑？如何在對的時間，做對的事情？

這是本章的主題。外在對手隨時環伺，很難察覺，但是內在對手（也就是我們自己），卻隨時可以察覺溝通。當自己開始感到志得意滿，或是即將達成目標時，就要儘早設定新的目標，培養新的能力，展開新的學習與探索。建立第二曲線的過程，可能需要自廢武功、砍掉重練，破壞自己原有的優勢。

解析 好情節要多用動詞，相對就是少用形容詞。形容詞的問題是空泛，表達不夠精確，就像走省力的捷徑，只用幾個字來形容，不夠深刻。

前文我用兩段來描寫大廚耀忠冒險採海菜的過程，也可以只寫幾句就帶過：「阿美族大廚耀忠很勇敢，勇於挑戰大自然，努力採海菜。」但是讀者並不會有印象，也不會知道原來要聽浪看浪，四小浪後有一大浪，還得蹲在海水中，摘下海菜放在腰間的網袋……

若想好好運用動詞，寫作者就得多觀察、多想像，認真描寫細節、動作與變化，就像拍動作片一樣，節奏緊湊，也能創造自己的寫作特色。

情節就是細節，成為文字導演

情節不只靠動作傳達，也需要運用細節產生畫面感。比方我描寫耀忠的動作，除了動詞，還加上很多描繪現場的細節，這會讓讀者感覺歷歷在目，充滿真實感。

細節卻不是細碎。許多人常常寫了很多細節，卻讓人有不知道在寫什麼的疑惑感。問題在於細節沒有扣緊主題，導致讀者不知道為什麼要讀這些，也因此失焦。

細節需要扣緊主題才有意義。因此，我們要從大量細節中精挑，找出最符合主題、最讓人有感覺的內容。「讓文字變得生氣勃勃的祕訣正是細節，」《推理寫作祕笈》寫著，「一句有說服力的細節，勝過一整頁的描寫。」

以《機會效應》第二章「刻意製造混亂」為例，有一段談我家馬桶有問題，從網路上找到一位馬桶專家，請他來裝馬桶的過程。（劃線部分是細節）

> 到了約定日期，早上八點大門電鈴準時響起，只見他帶了大包小包進門，除了馬桶之外，提了兩個工具箱，還有兩個裝抹布、菜瓜布與清潔劑的水桶。
>
> 他端詳了一下浴室馬桶的狀況，先問我可否讓他照相，並放在部落格上，我點頭同

意。他拍完照，打開工具，蹲在地上準備敲開舊馬桶底座。沒多久，他請我看看移除馬桶之後，埋在地板的水管，說明會怎麼處理與安裝。拍完照，接著安裝新馬桶，處理完畢，也仔細把地板整理乾淨。

「客人大部分都是裝潢完才搬入，你看哪個客人曾經看過馬桶師傅工作的樣子？」他跪著擦地板，驕傲地拍下我家廁所乾淨整潔的樣貌。

解析 第一段我著重描寫達人的準時，仔細寫下他帶各種工具，傳達準備齊全的意思。第二段描寫他會先徵詢顧客意見，也仔細安裝馬桶，有禮貌且細心。第三段刻意寫出他跪著擦地板，又充滿自信的回答，代表對自己專業的重視。沒有這些小細節，就無法感受這位馬桶達人的特色。

精彩的細節，會製造強烈的畫面感。英文寫作書籍有句名言，「show, not tell」，強調不要一直敘述，而是要呈現畫面，讓畫面自己說話。畫面感是很強大的魔鬼氈鉤子，光靠文字就能在讀者腦中同步直播。

用細節營造立體感

我們常聽到工作人員問導演，這顆鏡頭要拍什麼，要呈現什麼內容？就是如何將平面的文字劇本，透過攝影機呈現出立體的畫面。

鏡頭的角度，就是讀者的角度。想運用畫面感，就要練習當文字導演，文字就是你的鏡頭，帶著讀者在文字大海中遨遊。「作者就像電影攝影師，在故事行進中操控觀眾的視線，所用的語言技巧就相當於攝影機的不同角度和鏡頭的快速切換。」史迪芬·平克在《寫作風格的意識》說。

文字導演有三種鏡頭可以伸縮運鏡。「遠鏡頭」是描寫地點、大場景；「中鏡頭」將畫面拉更近，呈現人物之間的互動關係；最後是「特寫鏡頭」，這是將鏡頭貼近主角，可拍出臉部表情、反應跟感受，還有服裝或運用道具的細節。

以《風土餐桌小旅行》第八章「甲仙人的餐桌故事」為例：

> 遠離鎮上，我來到關山社區的嘉雲巷，一處山林裡的清幽地。山中沒有一點手機訊號，彷彿將全世界隔絕在外頭。清晨五點，我醒過來，開門走到庭院。天空依然沈睡。冷風瞬間從四周滲來，身體不自覺打了哆嗦。突然看到前方黑暗處有點微光，忽明忽暗，一團黑影有節奏的跟著微光移動，我輕喊一聲，「賴大哥？」
>
> 「起床了喔！」黑暗中傳來他的聲音，微光朝我這邊照來，原來是他戴的頭燈。燈光又轉向，緩緩移動，穿過黑壓壓的龍鬚菜田。菜叢輕輕發出聲響。光線一路往我這兒飄來。暗色中，藉著光線，我看清楚賴雲禎大哥的模樣，長袖襯衫，鴨舌帽，揹一個大簍筐。
>
> 他卸下簍筐，裡頭擺放二十把剛採好，用橡皮筋束綁的龍鬚菜，頭燈照射下，像一列

立正站好的士兵。我想像著，黑暗中，一盞孤燈，賴大哥像高深莫測的武林高手，微光一點綴到葉面，食指與拇指如落葉飛花，瞬間攫走藤蔓綻放的精華。這是他四十年如一日練成的工夫。

解析 第一段是遠鏡頭。從我（作者）的角度，看眼前黑暗中透著微光的山林，也看到一團移動的黑影。

第二段是中鏡頭。鏡頭拉到菜農賴大哥周圍，看清他戴頭燈、穿長袖襯衫、鴨舌帽與揹籮筐。

第三段是特寫。鏡頭帶到龍鬚菜，像一列立正的士兵，也帶到賴大哥的手指頭，傳達他摘菜的好功夫。

三個鏡頭由遠而近地移動，用畫面呈現農夫的辛勤與技術，也讓讀者更清楚了解他們的工作。

如果是用敘述，只要一段或一句話就寫完了：「我住在龍鬚菜農賴大哥的家，清晨和他一起採菜，了解他黎明即起，工作辛勞，這個日子數十年如一日。」這就是旁觀敘述跟主觀呈現的差異。要如何讓讀者感同身受？不是告訴他們正在下傾盆大雨，而是讓他們直接感受自己正被雨水淋濕。

情節要有糾結，引起情感共鳴

除了動詞與精選的細節，情節力最扣人心弦的，莫過於創造懸念。

許多教人如何說故事的書，都會提到故事的核心是「衝突」。衝突是故事的引擎，沒有衝突，就沒有故事，沒有衝突，故事就不會前進。

只要是故事，就會有衝突。衝突不一定得劍拔弩張。每個人都有渴望與目標，也希望一路順遂，但往往結果不如預期。當目標遇到外來或內在的阻礙，就會產生衝突，有衝突就有內心糾結，就會讓讀者產生好奇的懸念，關心接下來該如何？因此，故事的動力就來自為何糾結，以及如何解決的過程。

「不管說什麼樣的故事，最好的方法是能在讀者心中產生最大的懸念，促使他們為了得知後續發展而不斷翻頁。」《推理寫作祕笈》強調，「情節產生了自己的堂兄弟，也就是懸念。懸念會讓你手不釋卷，一直往下讀，很想知道接下來會發生什麼事情。」

因此，故事有一個簡單公式，目標＋阻礙＋糾結，就產生引人好奇的懸念，這也是一個環環相扣的因果關係鏈。

認知科學家卡門．席夢在《別有目的的小意外》指出，根據一份二〇一五年以分享簡報內容網站SlideShares的熱門研究，「意外性」最能有效讓人長期記住，並引發行動的變數。「只要讓人感到意外（無論這意外是好是壞），都會讓他們產生額外的情緒與注意力。」

只要超過原本預期，產生意外，就會吸引注意力，讓讀者繼續看下去。電視劇播廣告前，一定會出現讓目標遇到阻礙的事件，這個意料之外的狀況，該怎麼辦？就先賣個關子，讓你等不及想知道。

只要掌握糾結元素，就會產生吸引人的情節。除了寫作，也能應用在一般簡報提案，如果內容豐富，講得頭頭是道，不一定有吸引力，因為只有目標，欠缺阻礙，更沒有讓人關心的糾結，聽眾自然無法產生持續關注的吸引力。

《機會效應》第二章「刻意製造混亂」有部分提到直接跟農夫買的「買買氏」，如何從廣告文案高手，放棄大好事業，投入農業行銷，成為創辦社會企業的執行長。我將這幾段文字分析如下（見下頁）。

目標　阻礙　糾結　目標

身高一五〇公分、個頭嬌小的金欣儀，有天早上如往常搭捷運上班，擠在人群中，一時心血來潮，掐指算算六十五歲退休前，這一生得付出的工作時數，竟發現這輩子七成以上的人生都要貢獻給工作，突然驚覺，「人，來到這個世界上真的就只是為了上班賺錢嗎？」

拿到廣告大獎的風光，沒辦法解答她的疑問。行動力很強的她，報名了一堂在淡水山上、追求自然農法的種田課程，嘗試找出一些答案。

當二十多位同學彼此自我介紹時，沒有人介紹自己名片上的職業與頭銜，而是闡述夢想、生活價值與旅行見聞，輪到她時，竟一時語塞，因為自己的人生只有工作，沒有其他值得分享的事情。

上完課，金欣儀知道答案不在台北職場，也不是關起門自我反省，而是得徹底轉換生活方式，才知道該如何過自己的人生。

剛好主管從台中開會回來，帶了一盒鳳梨酥請大家吃，還提醒她注意包裝盒裡寫的文案，這些以鄉土俚語寫的文字，誠懇地寫出對土地作物的情懷，讓她這個不懂台語的台北人，讀起來仍覺親切、毫無陌生感。這些文字比起過往她幫進口名車、投信基金寫的文案，都更加誠懇且具有真實感。

受到種田課與鳳梨酥文案的啟發，讓金欣儀想環島認識更多辛苦的小農，參與他們的生活。她決定跟賞識她的主管提辭呈，辭呈寫著：「我要去種田，我想用我的筆去幫那些辛苦的農夫們耕田！」就這樣決定過一年她的「棄業」人生。

阻礙

這是混亂人生的開始。她在各地上山下海，學會幫一大群人煮飯、爬樹、一個人在山上過夜、被牛追、教部落媽媽們學電腦，甚至帶一百二十個孩子清掃林道。每天晚上累到躺下來時便暗自咒罵，比台北工作還累一百倍，幹嘛來？卻又期待隔天的到來，因為每天都是嶄新的開始。

糾結

有一天，她利用空檔時間，上網檢視自己的基金投資狀況，竟發現因為二〇〇八年金融海嘯，上班拚命累積的錢，縮水了一大半。她也只能自我解嘲，儘管自己過去寫文案銷售基金，卻逃不過金融海嘯的波及，當下無薪水的環島農事體驗，反而成為最真實的資產。

解析 請注意兩個重點。第一，目標、阻礙與糾結是一段接一段，三元素彼此是環環相扣，不能跳躍，這個過程就會製造起伏的情節，超越讀者的預期，讀者才會想知道接下來該怎麼辦。

第二，即使是情節力，仍需運用魚骨寫作法。先寫魚頭句傳達目標、阻礙與糾結的重點，再用魚肉句傳達情節、用魚尾句做收尾，與下一段產生連結。

情節力是用來吸引、打動與說服讀者，不能只一味地說故事，而是要扣緊主題，讀者才會有收穫。

以下再以「買買氏」金欣儀的故事為例：

一次捷運上的疑問，一盒鳳梨酥文案，一堂種田課的啟發，金欣儀在無意之間為自己的人生掀起巨大無比的颱風。身處暴風圈中，卻實踐了環島、環球與創業，一個小小台北上班族從未想過的夢想。

曾有媒體採訪她，創業當下是否有猶豫或考慮？「就像我每次旅行一樣，因為不知道，所以不會怕，反而會產生開創性的點子。」現在回過頭看，會覺得『多知道』一點比較好嗎？還是創業就是得不知道？金欣儀回答，「創業最好要『不知道』哩，都知道的話，大概就沒有人要創業了。」

人生經常因為不知道，才想去探索、學習與經歷，如果認為自己什麼都知道了，一方面是無趣，另一方面是無知，因為世界經常跟我們唱反調。

機會經常隱藏在混亂土壤中，需要我們去深掘碰撞，才可能出現蹤跡。

解析 最後四段重點與結論，要將故事收尾，回到勇於接受混亂的主題，正是運用結論強化故事的意義。

現實的讀者，讓我們更務實，充分運用情節力，才能把外在的事實，變成他們內在的真實。

回顧與練習

這堂課教三種情節力技巧，包括善用動詞、描寫細節，以及運用衝突帶來的糾結。

練習1 **用三種技巧強化文章：**可綜合運用寫成一篇文章，或是各用一段分別練習其中一種技巧。

❶ 動詞：＿＿＿＿＿＿

❷ 遠中近三種運鏡方式：＿＿＿＿＿＿

❸ 目標、阻礙、糾結：＿＿＿＿＿＿

練習2 **分析應用：**請細讀情節力（一）的開場文章，標注目標、阻礙與糾結的段落，並分析為何什麼作者會用這幾段當開場，他想傳達什麼？

第 11 課

觀點力（一）

寫作，
建立你的獨特見解

在寫作力抬頭的時代，人人都有機會用文字表達自己的想法。我們都渴望被他人支持與肯定，被按讚，被分享。

然而人人有話想說，卻往往說不清楚。我在寫作課堂或溝通表達的工作坊中，發現不同領域的學員都有表達見解的困難。

觀點力卡關，歸納原因有三「不」：❶「不清楚自己的觀點」，即使講出了想法，卻缺乏邏輯推論跟合理的證據；❷「不敢表達」，害怕自己講不好，被別人看輕，只好一直壓抑；❸「找不到自己的觀點」，沒有想法。

為什麼會這樣呢？傳統的教育習慣灌輸正確知識與答案，並不鼓勵培養個人想法，更何況是不同於標準答案的見解。

現在卻是需要勇於表達想法的時代。網路時代人人都可以成為媒體，都可以表達想法，擴大影響力。只要你擁有改變他人認知的「獨特觀點」。

溝通表達大師卡曼．蓋洛《跟TED學表達，讓世界記住你》前言的第一句話，就是「構想是二十一世紀的貨幣」。他解釋，有些人特別擅長表達自己的構想，將提升他們在社會的地位與影響力。

TED創辦人克里斯．安德森也在《TED TALKS說話的力量》談到，TED的目的，就是讓演講人能夠將思想灌到聽眾腦袋中，改變人們看待世界的方式。演講者要運用一個像繩索的主軸，將建立中心思想的所有元素，都掛在這條繩子上。

這條繩子就是精準寫作金字塔頂端的「觀點力」。透過觀點的穿針引線，由上往下逐一鋪陳重點與情節，每一層都必須扣緊觀點核心，不能有所偏移或離題，才能有效說服。

在網路時代，沒有獨特見解與觀點，文章很容易就被海量的資訊淹沒。歷史學者哈拉瑞（Yuval Harari）在《21世紀的21堂課》引言，第一段就開宗明義提到：「在一個資訊滿滿卻多半無用的世界上，清楚易懂的見解就成了一種力量。」

清楚易懂的見解，正是精準寫作要傳達的觀點力。

從觀察到觀點

何謂觀點？律師暨藝術史學家艾美・赫爾曼（Amy Herman）在《看出關鍵》（*Visual Intelligence*）解釋「觀點」（perspective）一詞來自拉丁文「perspicere」，原意是「看透」。這個詞源自十四世紀，原指運用望遠鏡內的凹凸玻璃來改變視覺效果；現在的定義是看待、評量某事物的角度，就像透過不同的鏡片來看世界。

觀點的中文意思，則是觀察事物的位置，以及採取的態度，類似見解、看法。然而，不論是中文或英文的解釋，觀點都跟視覺、觀察有關。

觀察跟觀點有什麼關係？福爾摩斯應該是最佳代言人。

《波希米亞的醜聞》中有段精彩對話。華生一直認為他的眼力不比福爾摩斯差，但為什麼聽福爾摩斯推理時，事情卻顯得那麼簡單？福爾摩斯就問華生，他們經常進出的貝克街221號地下室階梯有幾階？華生答不出來。福爾摩斯說有十七階。「你只是在看，並沒有觀察。」福爾摩斯一針見血說道。

這段對話說明了看與觀察的差異。看是不自覺將影像收入眼底，觀察則是有意識地察覺、仔細端詳，找尋其中的意義。

華生跟福爾摩斯正是強烈的對比。就像結構力（一）提到《快思慢想》提出的兩種思考模式：直覺反應的快思與深思熟慮的慢想。華生就像被動反應的快思者，對外在世界習以為常；福爾摩斯則是主動探索的慢想者，透過遠觀近察，找尋蛛絲馬跡。

觀點的起點，就是觀察。為什麼觀察這麼重要？

四百多年前，藝術大師達文西提出「saper vedere」（意即知道如何去觀察、或如何運用視覺能力）的說法，艾美．赫曼將這個說法延伸為「視覺智能」（Visual Intelligence）。她在《看出關鍵》（這本書的原文書名Visual Intelligence，就是視覺智能）中分析，為什麼培養觀察力這麼重要，因為人們容易被認知偏見、一廂情願、隧道視野效應（意即被隧道的空間窄化，忽略外在的宏觀）這些濾鏡所影響，因而選擇性搜集資訊、找尋符合自己期待的資訊，以及排斥不符合條件的訊息。

「所有解方都能解決某些問題，卻無法解決一切問題。最好是能從各式各樣的角度觀看世界。」臨床醫師、數據學家漢斯．羅斯林（Hans Rosling）的《真確》，提出人們容易產生的十個直覺偏誤，提醒人們培養實事求是的求真習慣，扭轉根深柢固的偏見。

我們無法擺脫濾鏡的影響，卻可以向達文西與福爾摩斯學習觀察力。就像調整望遠鏡的伸縮鏡頭，運用不同角度挖掘幽微的關鍵點，變成自己的觀點。

培養原創性，建立你的見解

從觀察到觀點的過程，還需要培養原創性，建立屬於你自己的見解。關於原創性，心理學者亞當．格蘭特有個簡單的標準：「原創的特徵在於拒絕預設狀態，並且探索是否還有更好的選項。」

原創性也是運用觀察力，超越現狀，進而產生觀點力。「起始點是好奇心，去思索預設狀態最初何以存在。」亞當．格蘭特在《反叛，改變世界的力量》（英文書名Originals就是原創性）寫著：「對某種熟悉的事物，卻用一種新鮮的眼光去看，使我們能在老問題中看出新意。」

要培養原創的觀點，基礎在深思熟慮的觀察，透過外在觀察，轉換成內在想法。

三種觀點運鏡力

在寫作上，如何從觀察力提升到觀點力？先換個角度思考觀點，就像是扛一台攝影機，鏡頭拍攝的畫面，就是你的觀點。

有三種寫作鏡頭可以運用：遠鏡頭的整體視野，透過不斷轉換移動的中鏡頭，呈現不同角度的視角，最後是聚焦特寫的視點。

視野：脈絡思考

遠鏡頭就是脈絡思考。這是一個宏觀的鳥瞰，將鏡頭放到最大，觀察目前狀況是什麼脈絡原因造成的，了解人事時地物的來龍去脈。例如從空間視野來看，除了自己所處的位置，有什麼其他部門、產業、外在因素的影響。從時間上來說，過去的影響是什麼，未來會有什麼可能性？在時間與空間結合的立體情境下，可以完整觀察整體狀況，不會有太多遺漏。

視角：多角度思考

中鏡頭的視角，在於整體時空交織脈絡下，不同角色的角度。除了自己主觀的角度，還需要從不同角色的角度出發，客觀觀察彼此的關係。比方你的讀者是誰？他們的立場與需求是什麼？希望帶來什麼

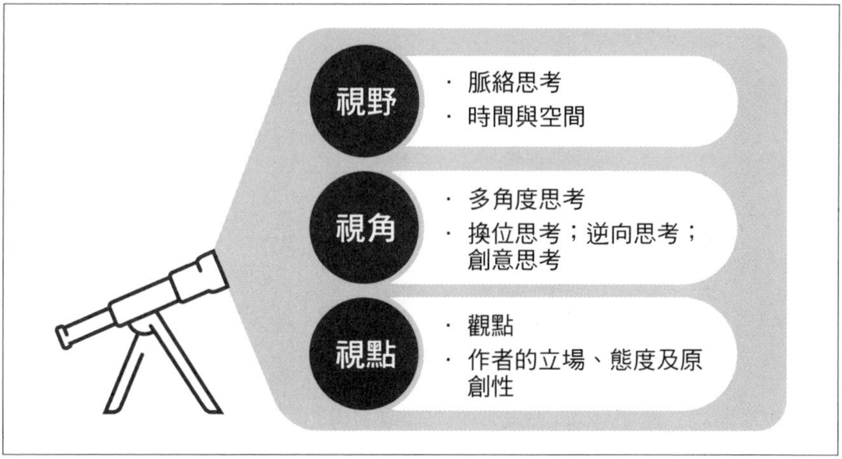

表11-2，三種觀點運鏡力

改變？還是強化既有認知？

中鏡頭的視角又可細分成三種思考方式：從他人的視角出發的「換位思考」；與一般人相反的視角「逆向思考」；運用沒人想過的角度，則是「創意思考」。觀察的視角越多元，最後篩選聚焦的觀點便會越獨特豐富，就不容易受到本位思考的局限。

視點：觀點

從遠鏡頭、中鏡頭的發散、逐漸收斂，最後聚焦到特寫鏡頭的視點，也就是觀點。觀點就是你綜觀全局、分析不同角度之後找到的關鍵點，來自作者採取的立場、態度及原創性。

三種觀點力運用

離開職場前，我主編的三一九鄉刊物剛出刊，我正在思考人生下一步。有位命理專家朋友李咸陽，邀請我參加由天氣風險公司總經理彭啟明召開的會議。他們想了解三一九鄉與農民曆結合的可能性，想請我給點意見。

我在會議中提問，為什麼三一九鄉需要農民曆？彭啟明回答，農民曆起緣於黃河流域，放在台灣並不適用。彭啟明下鄉採訪農民，才知道老農民都用自己的田間紀錄，自己記下雨量、溫度、濕度。「聰明的農夫早就有屬於自己的農民曆了。」

我突然想起自己一年前走訪台南，蹲在打赤腳的崑濱伯旁邊，看他翻閱用日曆紙背面寫滿的氣象觀察筆記，當時只覺得這位阿伯特別勤勞，現在回想，才知道是自力救濟。

了解整體脈絡之後，我推敲農民曆的問題在於不準確，聰明的農民都有自己的版本；農民曆的內容也與一般大眾脫節，只是偶爾會拿來看黃道吉日、命理。但農民曆仍保存了文化價值與實用性，只要重新調整，找到市場定位，應該有機會。

關於農民曆氣象不準確的問題，彭啟明說，他的資料庫擁有全台各地五十年的氣象資料，只要透過校正，就能提供符合台灣北中南東的正確氣象資料。

此時，我突然冒出一個新想法。農民曆要創造市場需求，對象不是農民，而是一般讀者。我們三個人的優勢是跨界整合，除了提供完整的氣象資料，內容也要符合現代生活需求，才能有影響力。

我找到的新視角，是從農民種植角度，變成重視生活實用的讀者需求。除了了解每個節氣全台各地的氣象變化，還可放入當令盛產食材與產地、節氣養生與文化慶典旅行，以及如何開運等資訊。只要創造出隱藏的需求，就可能有市場價值。

接著需要聚焦到獨特的觀點。我提出的觀點是農民曆再進化，重視樂活價值的「國民曆」，這是一本具有科學精神、符合現代國民需求、適合現代國民閱讀的國民曆，透過精美的版面設計，改變過去不易閱讀、文字編排過密、內容太雜亂的問題。

我也規劃好新書的結構：時間橫軸就是二十四節氣，空間縱軸則是我所負責的食材曆與旅遊文化曆，彭啟明負責氣象曆，李咸陽負責運勢曆。

我們三人合寫的《樂活國民曆》，由於有具體的資料根據，貼近在地生活需求，改寫節氣與農民曆的意義，出版之後，立即成為暢銷書。

我也陸續出版以節氣與旅行為主的《旅人的食材曆》，以及重視地方風土飲食的《風土餐桌小旅行》，過程中還參與各地的觀光輔導，設計十多個地方的小旅行，帶動地方深度旅遊的風潮。

一開始只是意外的邀約，卻透過討論了解脈絡，聚焦建立新觀點，寫出符合讀者需求的內容，竟然改變了我的職涯發展，打開一條嶄新之路。

四種觀點力座標，定位你的文章

從視野、視角到視點，是一個觀點聚焦的過程。接著還需要再聚焦，讓觀點有更清楚的定位。

你可以運用四種類型的觀點力來找出觀點。橫軸右邊是鎖定個人的經驗與專業，個人的故事與經歷。橫軸左邊是他人，書寫對象是你以外的人事物，範圍從同事、親人、社群、組織、企業到社會。縱軸上方是傳達正面穩定的想法，縱軸下方則是談改變、創新、與眾不同的想法，或是批判。

有了清楚的定位，就能確認要向讀者傳達的觀點。第一類型，書寫自身經驗，談的是正面穩定、恆常不變的價值。第二類型，書寫自身經驗，批判、質疑既有現狀，提出更好的建議。這兩個類型的觀點正好相反，但都需要你深入剖析自己的經驗、看法，來論證、支持你的觀點。

第三類型，聚焦在社會、群體、組織的人事物現象，例如該如何建立好的顧客關係，或是團隊合作，甚至是親情與愛情。第四類型則跟第三類型相反，談的是具有理想性格的人如何改變現狀、跳脫團體框架、逆向思考，勇於傳達理念。

假設我要寫女兒參加桌球賽，經過努力獲得好成績的主題，若採取類型一的觀點：透過努力就會成功，得到自信。運用類型二，有兩種角度：第一是努力不一定成功，可能要靠籤運；第二是找對方法，比努力更重要。採取類型三：比賽要靠持續練習，教練的栽培，家人的鼓勵

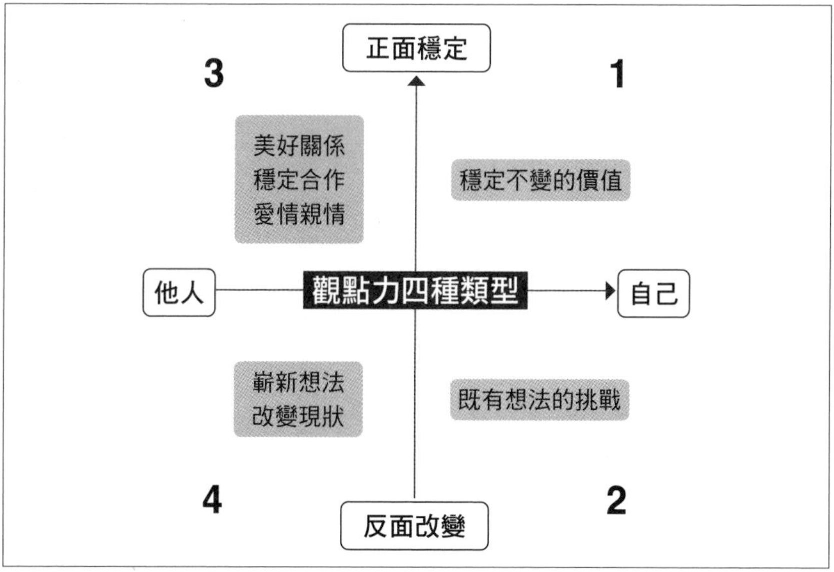

表11-1，四種觀點力座標

才是最大後盾。若採用類型四的觀點：桌球也能培養恆毅力，比考試讀書還重要。

這四種類型的焦點與立場都不同，寫作就要選定其中一種觀點類型，確認立場，再運用結構力、重點力與情節力來證明你的觀點。

運用四種觀點力定位

寫作課中有位學員的採訪作業是訪問她的父親。這位學員的父親在新莊擔任某間宮廟的廟公。她的採訪寫作主題是如何讓年輕人了解傳統宮廟文化，列出三個重點，分別是：❶現在年輕人到廟裡求籤解惑的比例增加了；❷八家將文化其實有倫理性，不要貼上都是不良少年參加的刻板標籤；❸宮廟現在會舉辦在地藝術季活動，吸引人潮。我發現這三點都很重要，但彼此關聯性不高，便請學員說明整體脈絡，再去找視角與視點。

原來是求籤解惑的人增加了，經常要排隊，為了擴大服務信眾，宮廟決定採抽號碼牌來應變，且備有小隔間供人解籤問事，保護信眾的個人隱私。其次，每年農曆七月鬼門關即將關閉前三天，宮廟也擴大舉辦法會，希望幫助親人意外罹難的家屬，撫慰亡靈。另外，宮廟也將香油錢有效運用，舉辦一個月的在地藝術祭（以前只有三天），讓更多在地人與外地人參與，認識新莊宮廟文化，以及神明夜巡暗訪的意義。

透過擴大視野、了解脈絡，我們重新找到新視角與兩個新視點。原本是訴求年輕人多了解宮廟文化，討論後卻發現，學員的父親扮演了重要的角色（類型二），在傳統宗教日益式微之際，他怎麼領導宮廟，運用創新與服務能力，提升宮廟的現代價值。另一個角度則是以這間宮廟為主角（類型四），如何擴大服務，創造現代的新價值。

不論是以廟公還是宮廟當主角，視角就跟原本訴求的讀者不同了，不只是想了解宮廟文化，還擴大了讀者範圍，從事傳產、思考企業轉型或客服的工作者，都能從這個主題學到創新轉型、活化組織的能力。

只要持續練習，讓自己的眼睛變成伸縮自如的鏡頭，你就是有見解、有自己觀點的人。

回顧與練習

這堂課教如何運用觀察力，培養觀點力。先從視野、視角與視點逐步的聚焦，找出關鍵點，再透過四種類型的觀點力來找出觀點定位。

練習1 請根據觀點力的方法，寫出你文章的視野、視角與視點，並決定在四個觀點力定位中，屬於哪個類型。

練習2 解讀報紙或雜誌的專欄，找出作者的觀點。

第12課

觀點力（二）

一語道破，勝過千言萬語

我以前當記者的時候，最怕開題目會議。除了要報題目，還要為題目辯護，說明讀者為什麼要看，為什麼要現在寫，跟其他媒體類似的題目有什麼差異。

如果題目一直卡著，總編輯就會拋出一句話：「請用一句話告訴我，你的觀點是什麼？」

「一句話？這麼複雜的內容，怎麼可能只用一句話就講完，那未免太小看我的題目了吧！」儘管記者都會這麼想，卻只能用更多話來說明，氣氛往往更僵了。

總編輯最後會總結：「如果你無法用一兩句話講清楚，代表你沒想清楚，那讀者就更不清楚了。」

在繁雜混亂的訊息中，能夠用一句話一針見血指出問題核心，代表你的觀察與思考縝密完整；如果無法用簡單幾句話說清楚，也代表你還沒有想清楚。

這就是觀點力的核心。不僅具有獨特見解，更能直指核心，以四兩撥千斤的方式，讓人輕鬆了解你的看法，也能牢記你想傳達的觀點。

不論是寫作、簡報或演講，一句話的力量，往往勝過千言萬語。

一句話，最簡單有力

簡單的力量，往往最不簡單。賈伯斯曾跟廣告公司開會，爭論一支三十秒的iMac廣告片該放進多少訊息。創意小組認為只強調其中一個主要特性，效果會更好，但賈伯斯認為還有四、五項重點應該要說清楚，雙方僵持不下。

後來團隊負責人克勞從筆記本撕了五張紙，揉成五團紙球。「賈伯斯，接住！」他邊說邊丟一個紙球給賈伯斯，賈伯斯輕鬆接住了，還反丟回來。

「這就是成功的廣告，」克勞說。「現在再接住這個，」他同時把五團紙球都丟往賈伯斯，賈伯斯卻一個也沒接到。

「這是失敗的廣告，」克勞說。後來賈伯斯讓步了，同意製作單一訊息的廣告。

「你要人們注意的事情越多，他們記得的事情就越少。」《簡單》作者肯恩．西格爾當時就在現場目睹克勞的示範，「如果我們想給人們一個好理由去試用iMac，就得挑出最引人入勝的特點，再以最引人入勝的方法去呈現。」

一個產品的特點，也就是一篇文章的觀點。小說家卡夫卡曾說：「一本好書，就是一把鑿開內心冰海的破冰斧。」這把破冰斧能一刀切入核心，改變讀者的認知，就是獨特的觀點力。

觀點力，越短越有力。一般來說，如果在十五到二十個字之內寫完觀點，讀者能快速讀完，產生印象，甚至還能複述轉達，就能呈現一句話的精準力道，因為整篇文章就是在證明、傳達這句話的內涵與意義。

一句話也傳達了自信心與信賴感。川上徹也在《一言逆轉》指出，明確傳達說話者想表達的內容，產生讓他人信賴的力量，稱為「斷言力」。偉大政治家、宗教家與經營者，都是透過斷言力擄獲人心。

知名廣告文案布魯斯・巴頓主張，耶穌基督是優秀的廣告人、最佳廣告文案，因為耶穌使用的技巧，就是濃縮資訊、斷言之。例如聖經上說「愛你的鄰人」、「人活著不是單靠食物」、「虛心的人有福了」。

我也很欣賞劇作家王爾德（Oscar Wilde）機智幽默的話語，「毫不危險的想法根本不配稱為觀念。」「穿在自己身上的叫時尚，別人身上穿的就是不時尚。」「男人可被分析，而女人只能被疼愛。」

對讀者而言，一句話可輕鬆了解、咀嚼玩味；對作者來說，卻得持續鍛鍊，長期累積一句話的能力。

在瑞典擔任高中老師的吳媛媛，在《思辨是我們的義務》中觀察瑞典學生如何培養寫作能力。瑞典學生在學校的寫作課上，主要練習的是文章摘要和論辯文章，寫摘要文考驗學生閱讀理解、統整、簡化和正確引用原文的能力，而辯論文章更考驗學生的邏輯思考和表達能力。

辯論文章的寫作要求，類似魚骨寫作。文章開頭必須清楚表明立場，接下來每一段都提出一個論點支持，各段開頭的第一句話必須總括整個段落，最後一段再次總結全文。這個結構只要缺了一點，就會被老師扣分。

從整篇文章的觀點、到每個段落的開頭重點句，都是運用一句話來練習思考與表達。

講明白，就代表你想清楚了

愛因斯坦說：「如果你沒辦法簡單說明，代表你了解得不夠透徹。」放在腦袋中的想法，如果不拉出來嘗試用口語或文字表達，都只是模糊不清的想法，還沒有提煉萃化成精準的觀點。

要訓練「一句話觀點力」，得先累積詞彙能力。而且，這種詞彙能力不是指寫出拗口雕琢的字句，而是淺顯有力的文字，才能讓人好讀、好記又好理解。

知名出版人見城徹在《讀書這個荒野》提出「言語詞彙」的重要性。他解釋，出版編輯只有一項武器，就是「言語詞彙」。用言語詞彙說服作家，打動、引導他們寫出具壓倒性能量的作品。

言語詞彙不只是編輯的武器，也是許多經營者和生意人的武器。因為無法正確使用言語詞彙，就無法率領下屬、提升業績，更不可能做好生意。

要如何培養言語詞彙呢？見城徹提出的方法是閱讀，但是他不主張讀越多書就越好，如果只是累積片段的資訊，也無法培養言語詞彙能力，因為那都只是作者的說法，他反而主張能否從書中「感受」到什麼。「讀書不是要看『書裡寫了什麼』，而是去感覺『自己如何感受』。」

譬如要爭取作家將書稿交給他出版時，他就會大量閱讀該作家的作品，寫出心得後，再藉由對話交流，幫助作家察覺自己沒發現的事情，提出更好的觀點，而不是只回答「不錯呢」、「很有趣」這種淺薄客套的感想。

見城徹有次詢問作家石原慎太郎，能不能用《老殘》這個書名，描寫自己年老體衰的模樣。結果石原生氣地說：「我才沒老，又老又殘是什麼鬼東西！」見城徹就打蛇隨棍上，「不然，請寫下您現在的心境吧。」最後，他寫出名為《老才是人生》的百萬暢銷書。

老才是人生，這句話傳達了石原慎太郎的觀點，也是見城徹運用言語詞彙激發的創意。

一句話觀點

要如何運用一句話，創造讓讀者關心，又能彰顯文章獨特的觀點？我以情節力（一）寫作課學員書寫司機的故事為例。

課堂上，大家歸納出三個讀者會關心的特色重點，分別是：建立搭車熱點的大數據；第二是如何製造熟悉度，讓生客變熟客；第三是司機敏銳的觀察力，能夠察覺客人是否想叫車。最後討論出來的觀點力，在於如何創造自己的經營價值。

接著，這位學員訴求的讀者，在於想開拓業務、維繫客戶、從事服務業的工作者。計程車司機的故事跟他們有什麼關聯呢？因為司機運用的方法，就是透過觀察與細心，創造自己的機會，這也是從事顧客服務工作者最想學習的能力。我們運用的一句話觀點力，就是「如何將生客變熟客，創造穩定好業績：小黃司機不告訴你的祕密」。

再舉個例子，讓一句話的力量更精準。有位寫作課學員偶然有個機會去學習做果醬，許多朋友試吃後非常喜愛，紛紛下訂，結果她的果醬越做越多，越賣越多，已經成為她的副業，無意間變成人生的一部分。

透過小組討論出來的觀點是「為感謝而生的果醬」，支持的三個重點分別是：❶感謝老天，因為無意間認識一位果醬老師，開啟她的製作果醬之路；❷感謝自己，願意打開心胸，學習新的專業能力；❸感謝客人，若沒有大家的支持，也無法開創果醬事業。

「為感謝而生的果醬」用一句話清楚表達觀點與特色。由於果醬品牌是「悅好物集」，我也有另外的建議，重新調整內容，改成「因為果醬，人生悅來悅好」，比較貼近這個品牌特色，學員們也覺得滿感動的，這句話有趣又吸引人。

創造自己的金句：打磨淬鍊文章的關鍵句

為什麼我們要練習運用一句話，創造自己的金句？主要是運用精彩的關鍵句，能夠讓讀者有記憶點、有感覺，同時認同作者的個人論點。否則文章寫再多、再詳盡豐富，讀者不一定記得住。

一句話的力量，很難無中生有，有兩種方式可以練習。一個是從閱讀、或複雜資訊中抓出最重要的一句話，可以自問自答，嘗試練習表達，向朋友、家人或同事說明，在一問一答的討論過程中，幫助我們磨亮想法。如果對方因為某句話眼神一亮，或是開始好奇，提高興趣，就代表那句話具有影響力。

換句話說，重新表述

另外，也可以站在巨人的肩膀上，練習換句話說。金句名言看似很多，但不少核心觀點是一樣的，只是表達方式不同，卻傳達了相同的意義。

我們要多練習同中求異、異中求同，但前提是盡量不要用成語，因為成語太多人引用，沒有你個人的見解，不具一句話的影響力。

我們也可以將成語的意義，轉換成自己的話，重新表述出來。例如「塞翁失馬，焉知非福」，電影《阿甘正傳》也是要傳達這個意思，但編劇用了「人生就像巧克力，你永遠不知道下一顆是什麼」這句台詞，反而特別雋永，而且有畫面感。

向名人借觀點，超譯成自己的金句

也可以向名人、名言或書名借觀點。有三種方法可運用：拆解、相連或對比，來重新「超譯」成自己的金句。

拆解

拆解一句話，再加料變成自己的金句。把好句子拆開，再加幾個字，轉變意義，就變成了新的句子。比方我撰寫的《風土餐桌小旅行》，可以拆開改裝，變成「風土餐桌，深度旅行」、「風土饗宴，小地方的深旅行」、「走遍台灣，風土小旅行」。

相連

第二個方法是兩句話相連，換字變金句。原本兩句是相連的意思，可以各換幾個字，改裝成新句子，以《走自己的路，做有故事的人》為例，可以用「走出自己的路，做有故事的好人」、「走自己的路，說有影響的故事」、「走艱難的路，做有故事的人」。《機會效應》中「人生不能準備，只有勇氣可以準備」，可以拆解為「人生需要勇敢下注」、「人生唯一能準備的，只有勇氣」、「人生不能計畫，只能一路打游擊」。

對比

第三個方法是兩句話對比，轉換字詞變成自己的好句。原本句子是對比功能，我們可以置換字詞，維持對比效果。比方邱吉爾有句名言，「成功就是不斷失敗，而不喪失熱情」，可以轉換成「成功就是不斷失敗，而不喪失勇氣」、「真正的成功，在於接受失敗的勇氣」、「成功就是不斷失敗，還持續擁有熱情」。

這樣的練習，不是天下文章一大抄，而是天下金句一大「轉」。重點是要透過自己去消化、吸收與感受，找出觀點的核心，轉換成一句精彩有力的話語，創造讀者的共鳴。

但不能只是模仿、或是沉迷打造金句而已，關鍵還是觀點。你的觀點是否有足夠的重點力與情節力支持，能否運用視野、視角與視點的調整轉換，找出獨有的觀點，才能夠打磨淬鍊出那關鍵的一句話，創造出吸引人的力量。

沒有好觀點，再美的金句也只是虛無的美麗，期待你找到那把銳利的破冰斧。

回顧與練習

一句話主要是透過字句的感受，轉換成為你個人的想法。以下列出幾個經典名句，請你練習改寫，變成自己的一句話。

練習1

邱吉爾：

◆一句謊話需要無數更大的謊話來遮掩。

◆如果糾纏於過去與現在，我們將失去未來。

練習2

王爾德：

◆毫不危險的想法根本不配稱為觀念。

◆政黨是眾人唯一不談論政治的地方。

第 13 課

標題力

第一眼
就決勝負

我們常以為，寫作是記者與作家一個人的事，但其實寫作這件事，需要分工合作。我剛當記者時在《財訊月刊》工作，每個月截稿的流程是記者寫完稿、總編輯看稿，再由副總主筆下標，最後再交給後製完成版面。

副總主筆（我們都尊稱他為「尹先生」）是一位中年大叔，他不用採訪、寫稿，只負責下標。他會用藍色原子筆在稿件上寫下大標、小標，稿件上常留下他改來改去的字跡。常看他埋頭苦思、或是望著遠方出神，有時會把記者找來，詢問報導內容的重點，心領神會之後，再振筆發想標題。

每個月尹先生幾乎只有截稿期才出現，工作看似輕鬆，卻扮演畫龍點睛的角色。他下的標題常讓人會心一笑，淺顯易懂，一行標題幾乎就能傳達整篇文章的意涵。

千言萬語，抵不過一句神標題

記得當時正逢一九九八年世界杯足球賽，克羅埃西亞爆冷門拿到第三名，這個灰姑娘故事受到全球矚目。我在《財訊月刊》的第一篇文章，就是寫這個從南斯拉夫獨立、飽經戰亂的小國，為什麼具有這麼厲害的運動實力？

我已忘了內容寫什麼，只記得尹先生下的標題：「克羅埃西亞三大奇蹟——足球第三名、籃球第二名、戰亂第一名」，一句話就點出這個國家的特色。

他也經常用數字對比，突顯內容的重要，例如「比爾蓋茲工作半小時，柯林頓得辛苦一整年——世界首富五百億美元傳奇」，或是運用押韻讓兩個無關的句子產生有趣的連結，像「這邊作秀，那邊作案」，或是「多妻多子，最大是老子——ＸＸＸ獨裁統治，六子二女各就各位」（形容某位財團總裁）。

這些神來之筆，常讓作者苦心孤詣寫出來的文章，還不如一個標題讓人記憶深刻。就像日本文學家芥川龍之介在遺稿〈某阿呆的一生〉寫著：「人生不如一行的波特萊爾。」

有了好標題，讀者才會往下看

文章一開頭的標題（也就是題目），需要具備一句話的簡潔力量，這往往是讀者決定是否開啟閱讀的關鍵。閱讀流程跟寫作相反：作者都是寫完文章之後，才開始想標題；讀者則是先注意到大標，有興趣了，再讀第一段，或是翻翻整篇文章的小標，有了大致理解，才願意花時間細讀。

專業寫作者可以分工合作，但大多數寫作者是一人團隊，得練習當自己的編輯，在文章、書信與企劃書中，幫讀者下出吸引人的標題，讓讀者一眼就知道重點，還想繼續讀下去。

不要忽略標題的重要性，這是讀者看你文章的第一眼，標題就是文章的眼睛。

做自己的編輯，培養標題力

標題無所不在。公車廂廣告、捷運站標語與車廂廣告，都是捕捉路人目光的標題。網頁也是標題戰場。我們瀏覽網頁，大多是用手指迅速滑動點閱，直到找出有興趣的關鍵字，才可能點擊進去閱讀。

我們不能被動接受標題轟炸，更要主動出擊，運用標題力影響他人。《簡潔的威力》強調：「用簡單的方式來陳述，不表示這件事本身是簡單的。這樣做只是為了要讓其他人能夠認知、了解這件事。」

下標需要換腦思考

過去當記者時，我只負責寫作，標題都交由後製作編輯負責；直到擔任主編刊物的工作之後，我才開始學習下標題，發現這跟寫作截然不同，需要換腦思考，站在讀者角度，才能讓標題更有吸引力。

標題力是一種詮釋的轉譯能力，要有能力將複雜內容濃縮成一個標題來傳達。要取代原本主觀的作者思維，從讀者的客觀立場，以最少的字句、濃縮最多的訊息，用精準又吸引人的方式傳達給讀者。

出色的標題要有畫面感

好標題除了要精準，還得建立讀者內心的圖像感。《一聽就懂的重點表達術》強調，「當說法以資訊的形式進入人腦時，其實人們並非透過文字列進行理解，而是先將文字列轉換為圖像後，才予以理解。」因此，標題文字有了圖像感，讀者就能有效掌握與理解。

有了圖像思考，才能讓標題更出色。「試著將你想表達的內容標題化、簡單化、圖像化，用簡短的文字清楚表達出來，」這是廣告導演盧建彰在《文案力》對培養標題力的具體建議。

我原本是財經雜誌記者，擅長文字思考，後來轉換到時尚雜誌《GQ國際中文版》擔任副總編輯，讓我最震撼的是題目會議。財經雜誌都是題目優先，時尚雜誌則是視覺優先。

為了要策劃、執行視覺任務，我花了很長時間學習圖像思考。例如要如何跟攝影師溝通，拍出編輯要的畫面，得先找到參考圖像做溝通，更得事先勘景、找出拍攝重點。進入後製，如果照片不能通過藝術總監這關，還得重拍；最後才是和總編輯討論，寫出精準有趣的大標。

畫面感的訓練，培養我運用標題與圖片建立讀者的視覺感。當我開始演講與授課之後，簡報內容就像雜誌版面一樣，一張圖片配一個標題。對觀眾跟學員來說，一眼就看完，不用細讀文字，又有圖像輔助理解與記憶。

關鍵的那一句話

在寫作課討論學員文章時，我也會根據重點，先找出關鍵的一句話，再提出建議標題。比方有位學員採訪髮型設計師，他自稱是「剪髮師」，而非設計師，喜歡剪出單純簡單的髮型，不建議客戶染燙，平常也過著簡單的生活。我聽完學員敘述的重點，幫忙下了大標：「『剪』單人生」，運用一句話就讓學員瞬間了解、並聚焦文章核心，運用剪髮與簡單原則的雙關語，精準寫出這位剪髮師的故事。

當自己的編輯，需要換腦思考，從作者思維變成編輯的標題思考。要先站在讀者的角度重新讀一次文章，找到文章的一個觀點與三個重點，接著運用第二堂課提出的ＲＯＡ思考術：讀者為什麼要看？看完有什麼收穫？什麼標題會讓他有感覺？用這樣的角度去思考，就能寫出清楚易懂的標題。

製造閱讀摩擦點：四原則與六技巧

不只過去紙本時代的閱讀要靠標題，現在網路閱讀更要靠大量的標題。資深編輯康文炳在《編輯七力》分析，網路使用者會在各個頁面遊走，試圖找出當中最吸引人的片段，他提醒媒體工作者要留意安排版面上的「閱讀摩擦點」，也要花心思處理這些摩擦點。

摩擦點就是讓讀者停留注意、不要快速遊走的阻礙點。因此，想抓住讀者的眼球，最快的就是運用標題，設下刺激讀者眼球的「閱讀摩擦點」。沒有摩擦的平滑閱讀，不易引起讀者注意，要製造火花，才能突顯亮點。《編輯七力》強調：「只要在不失真的前提下，能引發讀者興趣、促成銷售，並能強化長期品牌定位的標題，就是好標。」

閱讀摩擦點有三個目的：觸動內心、帶來新奇與製造張力。觸動內心是運用讀者熟悉、關心的內容，來製造共鳴。帶來新奇是為了設下讓讀者好奇、不了解的新鮮感，讓讀者想知道後續內容。製造張力則是刺激讀者情緒，迫不及待想知道答案。

該如何製造閱讀摩擦點呢？主要有四原則與六個技巧。羅伯特・布萊（Robert W. Bly）在《文案大師教你精準勸敗術》主張標題有四大功能：吸引注意、篩選聽眾、傳達完整訊息、引導讀者閱讀文案和內文。在這四個功能下，布萊指出有效標題的四大原則4U（for you的同音字）。

急迫感

首先是Urgent（急迫感）：要給讀者一個立即採取行動的理由，例如加入時間元素（限時優惠、截止日）。

獨特性

其次是Unique（獨特性）：描述新事物，或是用全新方式來呈現已知的內容。

明確具體

第三是Ultraspecific（明確具體）：內容要非常清楚易懂，資訊充足，或是有畫面感。

實際益處

第四是Useful（實際益處）：具有利益好處，例如省時、省錢、解決問題、改善缺點。

４Ｕ原則讓我們思考，文章標題是想突顯哪種特色、哪個Ｕ才是你傳達的重點？接著再思考如何運用標題技巧來滿足４Ｕ原則。

接著，我歸納出六個標題技巧，包括直白與提問、對比與連結、極端與數字。

直白

運用一句話的技巧，直接將觀點、金句傳達清楚。例如我自己的書《旅人的食材曆》、《樂活國民曆》、《風土餐桌小旅行：十二個小地方的飲食人類學筆記》、《走自己的路，做有故事的人：從生活脈絡尋找改變的力量》。好幾本寫作書名也相當直白，如《編輯七力》、《哈佛寫作課》、《報導的技藝》、《非虛構寫作指南》。

提問

平鋪直敘不一定吸引人，運用為什麼來提問，反而能增加讀者的好奇。《為什麼最便宜的機票不要買？：經濟學家教你降低生活中每件事的風險，做出最好的選擇》、《為什麼我們這樣生活，那樣工作？》、《為什麼ＧＤＰ成長，我們卻無感？：ＧＤＰ沒有告訴

你的事，拚的是數字成長，還是人民的幸福？》、《你家冰箱住的是天使還是惡魔？》

對比

句子之間有反差，意思相反、互相抗衡，最容易產生閱讀火花。香港反送中運動裡，出面力挺反送中的港星有黃秋生、杜汶澤，也有出面支持北京的某知名武打片港星，「不禮貌鄉民臉書粉絲頁」寫了一個標題：〈杜汶澤、黃秋生~專演垃圾，其實是英雄，ＸＸ專演英雄，其實是垃圾〉。另外暢銷書《富爸爸，窮爸爸》，或是《不要在該奮鬥時選擇安逸》、《別在該動腦子的時候動感情》、《小國大想像》、《以小勝大》，都是運用兩個極端相反的名詞製造對比火花。

連結

運用鋪梗的連結效果，讓兩個無關的句子變有關，或是製造出衝突，突顯差異。中間連結的梗，可以運用同音不同義、押韻字來製造連結，創造新奇效果。例如「這邊作秀，那邊作案」、麥當勞的「產銷履歷，絕不青菜」、報紙標題〈網紅，不迷網〉，還有這幾本書《你所謂的穩定，不過是在浪費生命》、《你要嘛出眾要嘛出局》、《健康，自脊來》、《好姿勢，救自脊》，都很有創意。

連結也可以運用另一個關鍵字，把兩個無關的名詞串連在一起。例如捷運車廂有個廣告，〈命運，看得出來，但肝苦看不出來——定期肝病篩檢，才能遠離肝苦〉，將掌紋的命運跟肝苦相連的是「看不出來」。

極端

最強烈的字眼，突顯重要性、急迫性。例如第一、唯一、最好、最高等等。比方電影〈最黑暗的時刻〉、〈第一次接觸〉。書籍《最低的水果摘完之後》、《最後生產力的一年》、《最後十四堂星期二的課》、《一人公司》、《大查帳》、《大數據》、《小數據獵人》等。

數字

運用數字是比較理性的傳達，讓讀者能夠更具體地了解。例如《第二曲線》、《三的思考途徑》、《80／20個人革命》、《第四消費時代》、《六個問題，竟能說服各種人》、《第五項修練》、《行銷3.0》、《行銷4.0》

標題四定位：四種標題類型

掌握標題力的4U原則與六個技巧，就可以製造閱讀摩擦力。不過，即使掌握了這些標題技巧，還是容易忽略整體定位。

這時，運用「標題四定位」，先幫助寫作者做好標題定位，再運用4U原則與六技巧，以及模仿轉換的方式，提升自己的標題力。

寫作者要先思考，你是想傳達具體好處，讓人一看就懂，還是要用強烈字眼提醒讀者正視現有問題？前者是蘿蔔式的正面思考，鼓勵與支持；後者則是負面表述，挑戰讀者認知，再用棍子刺激與督促，兩者效果很不同。接著再思考要如何呈現，是運用提問法，還是簡單傳達？要製造好奇感，還是一目瞭然？最後，便能夠決定標題類型是要採取「觀點式標題」、「提問式標題」、「警告式標題」，或者是「懸疑式標題」。

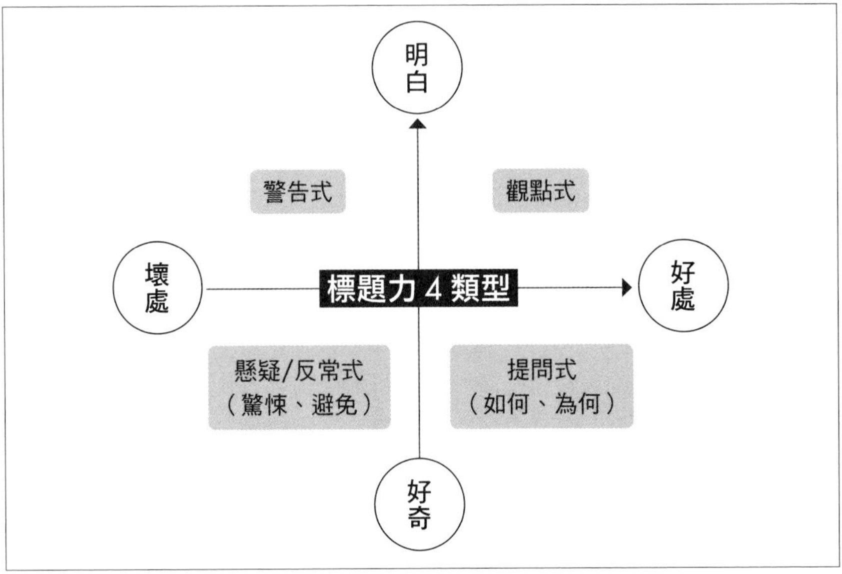

表13-1，四種標題定位

觀點式標題

「觀點式標題」的特色，在於明確說出好處，或是清楚的立場與重點（也就是4U原則的Useful〔實際益處〕），讓人一目瞭然，不拐彎抹角、拖泥帶水。例如「剪單人生」就運用直白與連結兩種技巧，一語雙關傳達了作者的觀點。

提問式標題

「提問式標題」的特色，在於運用提問技巧，讓讀者好奇讀完可以得到什麼效益。你可以將觀點式標題轉個彎，加上問號，就會增加好奇效果。有時是因為文章本身太平鋪直敘，透過一個有趣的提問，反而會點燃讀者想一探究竟的好奇心。

例如《為什麼泡麵總是彎的？》，多了為什麼，就讓原本理所當然的事情，增加好奇與有趣感。或是《為什麼印度人天天吃咖哩？》，這本書談印度各種文化之謎，但是文化太抽象，咖哩反而具象熟悉，從這個小問題出發，反而簡單有趣。

警告式標題

相對於前兩種正面表述的標題，警告式標題則強調讓人緊張的反面與壞處。

「警告式標題」會運用對比，來突顯「不……就會如何」，有一種立刻改變的緊迫感。比方《你所謂的穩定，不過是在浪費生命》、《別在該動腦子的時候動感情》、《脫貧比脫單更重要》。

或是打破一般的認知，用反向思考來吸引讀者。加上一個反面字「不」，馬上就產生不同效果，像《文藝復興並不美》，就會打臉文藝復興的美好印象，《有錢人想的和你不一樣》也會讓人好奇哪裡不一樣。

懸疑式標題

「懸疑式標題」，則是透過提問，將警告式標題變成讓人好奇、有內幕，甚至帶點暗黑的懸疑感。

《Cheers》雜誌曾針對流行話題「斜槓青年」，運用懸疑式標題的手法，下了「斜槓人生，真的適合你嗎？」的封面標題，將斜槓的正面意義，加上一個猜疑不安的標題。

另外則是「懸疑對比法」。天下雜誌網站的標題〈為何一家嘉義小醫院，讓最多台灣人在這裡選擇怎麼死？〉，結合極端、提問與負面暗黑「死亡」與醫院的對比，這個標題非常吸引人，讓人關心原因。《為什麼最便宜的機票不要買？：經濟學家教你降低生活中每件事的風險，做出最好的選擇》、《為什麼GDP成長，我們卻無感？：GDP沒有告訴你的事，拚的是數字成長，還是人民的幸福？》、《你家冰箱住的是天使還是惡魔？》、「獲利創新高。為什麼股價頻破底？」也屬於這種讓讀者嚇一跳的對比手法。

這個時代，寫作真的是一個人的事。寫作需要靠九九%的努力，但是一%的標題才會讓你被看見。

如何運用標題力六技巧

這六個技巧，也能彼此混搭，創造更強的標題力。《遠見雜誌》有個標題「為什麼老是小人物要負大責任？」就運用對比與提問兩種技巧，強調默默工作的小人物沒人關注，但是出了事，常常是小人物倒楣扛責任。《為什麼有盈餘，還是會倒閉？》也用了提問與對比，讓讀者感受到矛盾的疑問，反而會更好奇。

你也可以運用模仿與轉換，來創造自己的標題。模仿與追隨是仿造現有流行的名詞，再加以轉化，變成自己的標題。這也是一種運用熟悉感、讓讀者一看就知道大概意思的技巧，不需要再多做解釋。

好比觀察書籍排行榜，就可以快速了解時下流行的標題趨勢。比方哈佛就是一個流行名詞，代表公信力與保證：

直白：《哈佛商學院教我的成功關鍵：世界頂尖商學院的學習經驗》、《姿勢決定你是誰，哈佛心理學家教你用身體語言把自卑變自信》

提問：《為什麼我們的決定常出錯？哈佛教授的9堂心理課》、《麥肯錫問題分析與解決技巧：為什麼他們問完問題，答案就跟著出現了？》

對比：《球學：哈佛跑鋒何凱成翻轉教育》、《輕輕鬆鬆上哈佛》

連結：《姿勢決定你是誰，哈佛心理學家教你用身體語言把自卑變自信》

極端：《更快樂：哈佛最受歡迎的一堂課》、《記得你是誰：哈佛的最後一堂課》

數字：《情緒靈敏力，哈佛心理學家教你4步驟與情緒脫鉤》

麥肯錫或是日本東大，也是流行的標題關鍵字：

直白：《挑戰不可能！麥肯錫都在用的「絕對做得到」思考法》

提問：《為什麼聰明人都用方格筆記本？：康乃爾大學、麥肯錫顧問的祕密武器》

對比：《狡猾的讀書法：改變學習順序，我從大學落榜生變王牌律師》

連結：《終結低等勤奮，麥肯錫菁英教你有用的努力》

極端：《東大最強驚奇讀書法》

數字：《麥肯錫精準提問術，1秒思考，突破盲點，直搗問題核心！》

流行好一陣子的《被討厭的勇氣》，創造了「被」與「勇氣」這兩個名詞的流行。如果模仿這兩個名詞，加上不同的名詞、動詞，也可以創造自己的標題。例如《被批評的勇氣》、《被討厭的商機》、《被壟斷的心智》、《被遺忘的天才》、《被賞識的技術》、《被黑潮撞響的島嶼》。

另外是勇氣系列。《不教養的勇氣》、《變老的勇氣》、《管教的勇氣》、《空巢的勇氣》、《零下四度的勇氣》、《做自己的勇氣》、《行動的勇氣》、《需要的不是運氣，而是勇氣》。

《情緒勒索》也是熱銷的書籍，這個書名也成為許多標題仿效的句子。一個是運用對比法，多了一個「不」，就產生新的效果，像《不被情緒勒索的51個方法》，就是負負得正，成為正面方法。

或是在情緒勒索的前後，增加新的動詞與名詞，也能創造新標題。例如《面對家人的情緒勒索》、《別用情緒勒索教養你的孩子》、《隔絕情緒勒索，給自己好溫暖的心情整理術》。另外是運用「情緒」，增加新動詞：《情緒寄生》、《情緒陰影》。

回顧與練習

這堂課教如何培養標題力，從4U原則到六技巧，以及四個標題定位。

練習1 **定位標題：**請運用標題四定位，練習寫出四種不同的標題。

練習2 **運用六技巧：**請從四種標題中，嘗試運用六技巧，或是混搭其中兩種元素，創造你的標題力。

第 14 課

開場力

不是亮刀子，就是拋鉤子

你是否想過，讀者會不會記住你文章的第一句話？而第一句話要怎麼寫，才能吸引讀者？

好文章的開場需要精心布局，「一個漂亮的開頭，是成功的一半。」推理小說家卜洛克在《卜洛克的小說學堂》就說明開場白的重要性，「要吸引讀者的注意力，帶他進到故事裡面，預留情節舒展的空間，既要有用又要有趣，讓讀者欲罷不能。」

《阿甘正傳》一開始的畫面，出現一片羽毛伴著主題曲隨風飄盪，最後落在阿甘腳下。他撿起羽毛，放進箱子裡，裡面有桌球拍、鴨舌帽與記事本，暗示後來的經歷。阿甘送給鄰座等車乘客一顆巧克力，並說：「我媽媽常說，人生就像巧克力，你永遠不知道下一顆是什麼。」這句話是電影的主題，也是雋永名句。

寫作如同電影，也需要好開場。當讀者推開標題大門，迎面而來的第一段內容，就是一顆讓人好奇與期待的巧克力。

開場在於如何破題，不是開門見山亮刀子，就是充滿懸疑拋鉤子。《卜洛克的小說學堂》強調開場的三個功能，包括：讓故事動起來、設定文章調性與提出關鍵問題。我延伸詮釋為❶讓文章持續前進，不原地打轉；❷建立文章風格，展現寫作特色；❸讓讀者快速知道文章要嘗試解決什麼重要問題。

我的觀察是，許多不吸引人的文章開場，就是破不了題。為什麼破不了？原因在於文章塞滿太多資訊、過度鋪陳，以及沒有明確指出要解決的問題，導致讀者看不到重點，也無法立刻引起關心。

從文學作品找開場彩蛋

我從拆解好文章的逆向練習中，找到兩種培養開場力的方法。首先是模仿文學名作，轉化成自己的句子；其次是在採訪或觀察過程中，找到自己最有感覺的場景，或是他們說過的精彩名言，都能變成開場的內容。

偉大的文學作品，開場都值得細讀與學習。我從經典文學找到靈感，文章第一段就秀出彩蛋，不論是應用在理性的財經分析、感性的鄉鎮旅行，或是流行時尚的文章，都能建立自己的寫作開場力。

先以財經報導為例：

大文豪狄更斯《雙城記》的開場氣勢磅礡，又有強烈對比，最常被各種文章引用：「那是最美好的時代，也是最惡劣的時代；是智慧的時代，也是愚蠢的時代；是信仰的時代，也是懷疑的時代；是光明的季節，也是黑暗的季節；是充滿希望的春天，也是使人絕望的冬天……」

我曾在自己主編的《一千大企業特刊》主文，開場就用對比手法，拉高文章格局，寫出讀者關注的問題：「這是同業相互競爭、異業彼此掠奪的時代，是消費者導向的時代，也是令人找不到方向的時代。需求不見了，市場消失了，方向模糊了……利潤在哪裡？贏家在哪裡？」

相對於狄更斯的格局，托爾斯泰在《安娜．卡列尼娜》的開場，卻用一個更簡單的對比，輕巧寫出讓世人誦讀的名句，也是本書主旨：「幸福的家庭家家相似，不幸的家庭各各不同。」

這種直接寫出結論、傳達文章主旨的開場筆法，代表作者的自信與企圖心。我將這個技巧應用在台塑企業的報導中：「時間是企業的大敵。美國的百年企業存活率只有一成，時間卻是成立四十七年的台塑最好的朋友。」

運用在感性的鄉鎮旅行報導，文學作品的開場更能發揮。馬奎斯的《百年孤寂》，故事開頭就讓廣大讀者著迷：「許多年後，當邦迪亞上校面對行刑槍隊時，他便會想起他父親帶他去找冰塊的那個遙遠的下午。」

這個倒敘方式很特別，讓人想了解那個尋冰的午後。這種手法引發我的靈感，在我主編的《旅行台灣的25個驚喜》、撰寫新竹縣〈重溫百年蜜香夢〉時，開場就揣摩一八九五年抗日英雄姜紹祖的心情，也帶出新竹的風土：「許多年後，當二十歲的姜紹祖面對重重日軍包圍，沮喪絕望的他，仰望藍天，一股涼風吹過，彷彿是故鄉久違的九降風，便會想起小時候跟母親在茶園穿梭的歡樂，他突然想喝茶，一杯充滿蜜香滋味的茶。」

除了大格局、簡潔對比與故事倒敘，懸疑性開場也會創造驚奇感。人類學家李維史陀在《憂鬱的熱帶》運用否定句來開場，幾句個人情緒的糾結，就製造出懸疑感：「我討厭旅行，我恨探險家。然而，現在我預備要講述我自己的探險經驗。」

我也學習採用這種方式來顛覆認知。這是《旅行台灣的25個驚喜》關於馬祖的開場：「『馬祖除了海，什麼都沒有，』莒光鄉船老大民宿老闆鄭智新說。其實，只要有海，馬祖什麼都有。」

或是丟出疑問，製造懸疑感。這是關於雲林的開場：「這是個美麗的錯誤。雲林沒有雲霧森林之美，真正的雲林更不在雲林，怎麼回事？」

另外，我還學會只用一句話的強力破題。辻仁成《冷靜與熱情之間》有著簡潔有力的開頭：「這個城市隨時都陽光燦爛。」我多次援用這種寫法，例如寫嘉義市：「這個城市的陽光永遠溫柔燦爛。」《走自己的路，做有故事的人》第一章開場：「那是一個陽光燦爛的午後。」

白先勇在《台北人》這本短篇小說集，第一篇〈永遠的尹雪豔〉的開場，也是經典：「尹雪豔總也不老。」啟發我大膽運用短句開場。例如我在《GQ》撰寫知名時尚大師Tom Ford的報導，述說他離開Gucci之後、創造個人品牌的經營策略，只用短句開場：「久違了，Tom Ford！」

讓自己難忘的話語，也能讓讀者難忘

第二個培養開場力的方法，就是回憶讓自己印象最深刻的畫面、場景、他人說的話，變成文章的開頭。讓自己難忘的畫面或話語，一定也能讓讀者難忘。「重點是讓讀者融入，讓他關心接下來會發生什麼事。」卜洛克在《小說的八百萬種寫法》談開場的目的。

我採訪過蔡康永，因為他時間有限，只能約在錄影休息的空檔受訪與拍照，為了爭取時間，我們利用拍照空檔訪問。我先在攝影棚現場等候，後來在文章開頭寫著：「下午四點半，『康熙來了』攝影棚。結束訪問之後，主持人蔡康永一句招呼也不打，轉身走出攝影棚，逕自回到休息室看書。五點半，在攝影師的拍照空檔，他總是用右手指抵著頭若有所思、面對記者的眼神與語氣更帶有一種疏離感。等到攝影師準備好，他抬頭注意鏡頭的剎那，炯炯眼神帶有輕柔的嫵媚。」

我在《GQ》採訪壹傳媒董事長黎智英，也寫出讓我印象深刻的場景，先用一段話破題，再用場景切入重點。

「一向天不怕地不怕、霸氣十足的黎智英，也有脆弱溫柔的一面。

那個場景宛如發生在電視節目《真情指數》中。在內湖壹傳媒總部小小的主席辦公室，黎智英回首二十多年前第一段挫敗婚姻的前塵往事，不是心痛妻子拋棄他，而是心疼孩子太早嘗到父母離異的痛苦。『因為小孩子沒有……（聲音哽咽，眼眶泛紅），沒有母親的小孩是很慘的，』身型壯碩、聲音宏亮、圓頭大臉的他幾度哽咽，頻頻喝水平復激動的心情，但是眼眶已盈滿淚水。」

用特殊觀察場景當開場，有兩個目的。首先是傳達主角不為人知的那一面，其次是寫出你獨特的觀察角度。蔡康永的開場，我想呈現他疏離、自在與聰明的那一面；黎智英的開場，先破題對比他的霸氣與脆弱，再用場景與對話表達他內心的特質。

平常要多累積五感的體驗，才會有傳神的開場力，揣摩現場感，會讓讀者感同身受。

開場吸引力五「S」元素

我主編《旅行台灣的25個驚喜》時，要寫全台二十五個縣市的旅行特色，我要求自己每個縣市的開場都要不同。後來在撰寫《風土餐桌小旅行》、寫全台十二個小地方的風土飲食，每個開場也都不一樣。一直到寫《機會效應》時，有十七個故事、從前言到結語有九個章節，也得寫出不同的開場。

根據我長期鑽研開場力累積的經驗，歸納出開場力的五個S元素。包括驚奇（surprise）、懸疑（suspense）、直白（straight）、糾結（struggle）與情境（situation）。

厲害的開場白，首先得具備驚奇或懸疑的元素。驚奇是為了加深印象，懸疑則是產生好奇，才會讓人想繼續往下讀。直白則是開門見山說出獨特的論點，清楚說明這篇文章的結論。糾結要點出讓人困擾、關心的關鍵問題，直接打中要害。最後的情境，在於用一個小故事，跟讀者建立連結與共鳴，用來鋪陳後面的論述。

厲害的說故事高手、尤其是推理小說家，甚至是管理、行銷的寫作高手，最擅長用故事情境開場，簡單描繪人事時地物與場景，扣緊主題，傳達最重要的特點即可。

比方馬奎斯在《百年孤寂》的經典開場，用意是追溯主角從小到大的變化歷程，以及這個百年家族魔幻寫實的滄桑歷史。另外值得參考的是海明威在《老人與海》的開場：「他是一個老頭子，一個人划著一隻小船在墨西哥灣大海流打魚，而他已經有八十四天沒有捕到一條魚了。」一開始先講老人沒有捕到魚的落寞，再來描寫他與魚搏鬥的歷程。

這五個S元素也能相互結合，創造更突出的開場效果。好比用情境開場之後，接著再切入一個令人糾結的問題，或是製造意外驚奇，或產生懸疑，引人關切到底發生了什麼事。又或者像黎智英那篇的開場，先用直白的一段話破題，傳達霸氣與脆弱的矛盾，再用情境傳達他婚姻失敗的創傷，以及對於孩子的不捨與糾結，就用上四個S元素。

寫作者要萃取開場力的五S元素，透過開場的一、兩段文章，精準有力地拋竿、讓讀者上鉤。

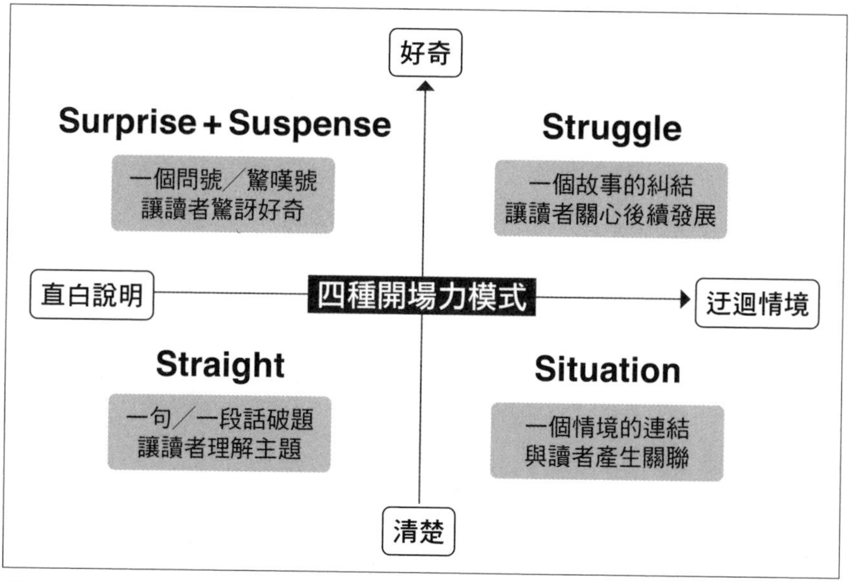

表14-1，四種開場力模式

四個「一」，寫出四種開場白

為了有效運用開場力，我將五S元素整理在四個象限，根據文章的開場定位，決定運用哪種開場模式來跟讀者溝通。主要是一個故事的糾結（struggle）、一個情境的連結（situation）、一句／一段話的破題（straight）與一個問號／驚嘆號（surprise與suspense）。

這四個模式，我以《機會效應》幾個開場作為示範案例。

模式一：運用故事的「糾結」元素，產生好奇心

第一個模式在於產生好奇吸引力，運用迂迴情境的方式，可以先說一個故事，透過主角遇到的問題與阻礙，產生內心糾結與困擾，建立與讀者的共鳴與連結，希望知道後續會如何發展。

> 多年前的SARS風暴，位在台中德安百貨公司的春水堂人文茶館，受到SARS衝擊後，生意一直沒有太大起色。當時連著好幾個月，一天營收從原本的兩三萬元，跌到每日平均不到一萬元。擔任德安店店長才兩年的江宜樺，一直很苦惱，覺得自己不適任，想提辭呈以示負責，主管安慰她，不要心急，一定會找到改變的方法。

解析 外在環境的衝擊，造成店長的業績大幅滑落，面對這個壓力，店長想離職以示負責。開場只用一段來說明問題原因，以及帶來的個人情緒糾結，讓讀者了解問題脈絡，也能感同身受店長的壓力，關心要如何來解決這個難題。

模式二：運用「情境」幫助讀者快速了解主題

第二個模式只是想透過情境場景，讓讀者快速了解狀況，而非引發好奇。這個模式的開場文字要簡短清楚，只要呈現重要訊息即可。

> 「我是關關難過關關過的阿娟（娟的閩南語唸ㄍㄨㄢ）。」這是我在全家便利超商績優店長教育訓練工作坊，聽到最有趣的自我介紹。戴著眼鏡，看起來像一位老師的岡山店長許瑞娟，告訴我她為什麼總是遇到難關，又能化險為夷。

解析 用一句有趣、讓我印象深刻的話當開場白，也讓讀者知道她的身分是超商店長，經常遇到難關、又能度過難關。讓讀者快速明瞭文章主題，就是她遇到什麼難題，又如何克服難題。跟模式一的差異，在於沒有刻意寫出她的情緒與糾結，而是用有限篇幅帶出主題。

模式三：用「直白」的一句話讓讀者馬上理解

模式三是直白說明主題。透過一句話或一段話，讓讀者清楚理解整篇文章的觀點。

> 十多年前，在新竹工研院工作、寫程式的孫治華，大概沒想到，今天會成為一位新創募資簡報的專家。

解析 這一段話直接將主角的經歷做了鮮明的對比，從程式工程師變成新創募資簡報專家。讓讀者立即了解整體脈絡，以及主角定位與特色，再來引導讀者了解他是如何成為知名簡報達人。

模式四：用問題製造「懸疑」，用意外創造「驚奇」

第四個模式是為了製造好奇與懸疑。不花文字描述情境與問題，而是直接丟出問號或驚嘆號，讓讀者好奇、或是引發關心、產生疑問，想尋求解答。

> 讓我們先回到二〇一二年。問大家幾個問題，二〇一三年會有任何國家退出歐元區嗎？誰會贏得二〇一三年宏都拉斯總統大選？金價會攀升至一千八百五十美元以上嗎？未來八個月內，還會有多少國家出現伊波拉病毒病例？

解析 用問題開場，吸引讀者想知道答案。

另外，我再用《風土餐桌小旅行修訂版》的兩個開場，來說明模式四的開場。

> 晚上八點，甲仙街上的商家燈火，一個一個睡去，馬路一片漆黑，只有遠方的甲仙大橋醒著，綻放絢麗色彩。八八風災讓南橫公路中斷，原本是南橫要道的甲仙，生意也不若往昔，有人打趣說，即使睡在馬路上，也不會被車撞。這個山中小城看似蕭瑟，沒太多資源，我有些擔心，隔天早上可以吃些什麼，只有吐司三明治嗎？甲仙朋友要我別擔心，附近有條早餐街，小地方還有早餐街？我半信半疑。

解析 先說明甲仙這個偏鄉的脈絡，並用早餐街這個讓作者好奇與疑惑的地方當開場，製造一種懸疑感。

> 一大清早，我在台中的南屯老街被搶了。被搶走的是一個飯糰。

解析 運用一個意外事件，沒想到被搶的只是一個飯糰，來快速帶出驚訝感：這個飯糰很厲害嗎？怎麼會被搶呢？

有沒有注意到，許多開場力都有畫面感，如何將你腦中的畫面，移植到讀者腦中，藉由畫面情境讓他們好奇、關心與理解，進而繼續看下去，是開場力扮演的角色。

然而，作者必須消化整體內容，再來好好思索開場要如何寫。「開場並不是一切，」《卜洛克的小說學堂》提醒，「隨後荒腔走板，讀者還是很快就會失去耐心，離你而去。」

回顧與練習

這堂課教如何培養開場力，從五S原則到四個開場模式。

練習1 **運用四種開場模式：**將自己文章的開場，寫出四種不同的開場，並比較哪個模式最適合這篇文章。

練習2 **改寫自己的開場白：**你讀過的書裡，印象最深的開場是什麼內容、屬於哪個模式、運用了五S哪種技巧？請嘗試模仿、轉換與改寫成自己的開場白。

第 15 課

結論力

讓健忘的讀者留下好印象

二十多年前我剛退伍要求職，沒考上最嚮往的《天下雜誌》。一年後再次來這家雜誌社面試，那次有三個人參加，除了我、一位財經雜誌記者，還有一位是留美回國的新人。

面試官是發行人與總編輯，前幾題都跟新聞專業有關，最後一個問題是「你最大的挫折是什麼」？這個問題突如其來，讓我想起兩年前的往事。

當時我在屏東服預官役，曾北上找尋逾假未歸的逃兵，後來被我順利找到，他卻利用在清水休息站下車休息、我跟他母親通電話之際，轉身拔腿就跑。我一路狂追，眼睜睜看他在交流道攔下計程車逃逸無蹤。我後來被長官與家長責怪，這些打擊讓我對人性失去信心。兩個月後逃兵還是被憲兵抓到，軍法審判入獄服刑一年。

在場的人，幾乎都瞪大眼睛聽完故事。發行人神情關切地問我：「你現在怎麼看待人性？」我想了一下才回答：「我還是對人性有信心，才能繼續往前走。」

最後只有我錄取。我不確定是否跟這個故事有關，當發行人問我問題時，卻激發我講出那一句刻骨銘心的結論。

後來才發現，我當時說了一個打動人心的故事。驚心動魄的開場，不足以打動人，還要加上逆轉的結語、真誠有力的結論；這個結論要能夠提供啟發或打開新視野，才是作者獻給讀者的禮物。

「結尾是你把小說的主旨釘在讀者腦海中，並讓它盤旋數日的最後一次機會。」《哈佛寫作課》在〈寫個好結尾〉中說，「當你寫一封情書，寫一封要求加薪的信，或者寫信向電話公司投訴，最後一句話的語氣和內容都非常關鍵。」

文章是為了結論而生

開場白只是吸引讀者繼續閱讀下去的誘餌。讓他好奇、疑惑、關心，一路跟著作者在文字密林中穿梭，但最後終將離開，結束這趟閱讀旅程。

對讀者來說，整篇文章最重要的地方，就是結尾。當讀者走到密林出口，前面寫什麼都不重要，最重要的是，你希望讀者帶走什麼？留下什麼印象？該如何跟讀者說再見，讓他不虛此行。《非虛構寫作指南》強調，選擇最後一句話花費的心思，應該跟選擇開場第一句一樣多。

開場第一句話要吸引人，結語最後一句話要讓人回味。甚至可以這麼說，整篇文章、整本書，都是為結論而生，只是沒有經過這趟閱讀之旅，就無法突顯結論的力量。

對讀者來說，結論最後才會讀到；但對作者來說，結論在寫作前就得先想好。資深財經記者沼田憲男在《寫出有溫度的文章》強調，要先有深度思考，而且要透徹到想出結論才行。他認為，如果沒有導出論點，就等於沒有思想。他引述渡邊修的至理名言：「不做出結論跟沒去想是一樣的。」

我過去逆向練習寫作時，不只拆解開場白，也會研究結論句。我發現很多文章虎頭蛇尾，主要是拖泥帶水，或是草草結束。前者不知如何收尾，一直堆砌結論，重複繞圈圈；後者是文章似乎還沒講完，沒有明確具體的結論。

解決拖泥帶水與草草結束的結論問題，就是趕快用一段話、一個句子來總括整篇文章重點。「最後以一個貼切或令人意想不到的句子結束，讓我們措手不及。」—《非虛構寫作指南》認為，「驚喜是最令人耳目一新的元素，如果有什麼事情讓你感到驚喜，那個也一定會讓你的讀者感到驚喜或喜悅——尤其在你的故事即將結束，就要跟他們告別之際。」

四種結論，強力甩尾

如何運用驚喜元素，在高潮之際戛然停止、完美謝幕？我根據自己的經驗，整理出四種結論模式。

結論模式有兩種角度，一是表達主觀的個人意見，二是引用

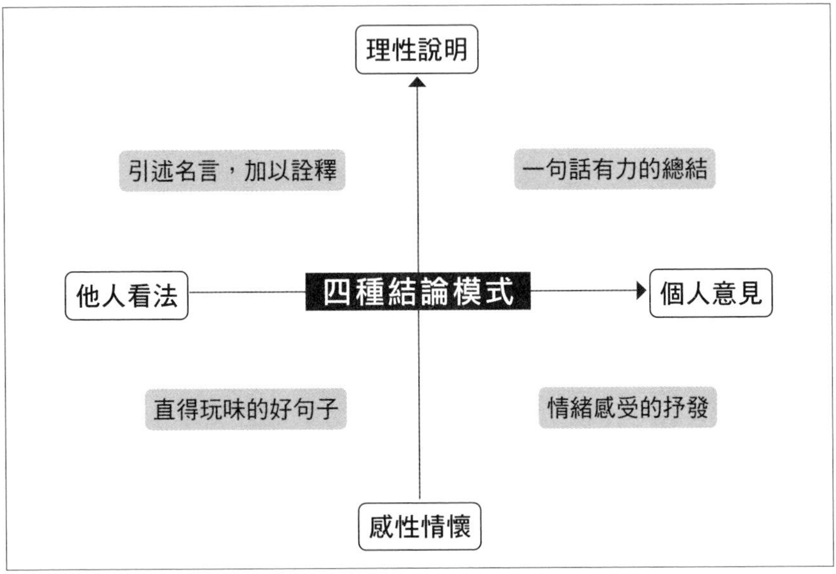

表15-1，四種結論模式

客觀的他人看法。

主觀的個人意見，可再分為理性與感性兩種模式。

引用他人看法，在於傳達客觀立場、而非只是自己的主觀想法，用以強化文章的說服力或拉高格局，也可分為理性與感性兩種模式。

模式一：一句話有力的總結

一句有力的結語，需要前面一兩段的鋪陳，或是用一段歸納文章重點，才能在最後用一句話、或是一段短句來創造驚奇。

> 範例一：
>
> 搭乘這班成功號雲霄飛車奔赴未來之路時，必定有許多轉彎，你要緊閉雙眼對偶然一路衝到底，還是睜大眼睛、放開雙手，享受刺激的樂趣，一路發現隱藏版的美麗事物？
>
> 喔，請繫好安全帶，本書提到六種創造機會效應的能力，就是你的安全帶（《機會效應》）

解析 先用雲霄飛車當比喻，談未來的驚險刺激，最後一段立刻連結雲霄飛車的安全帶，就是書上提出的六個創造機會效應的方法（見以下範例二）。

範例二：

本書主張，逆風才有機會，才能抓到意料之外的寶物，但逆勢而為，要有方法，我歸納出六個方法——刻意製造混亂、誤打誤撞找到意外發現、多元人脈、正面看待絕境、不斷自我顛覆，以及透過適當分心、培養洞察機會的能力。帶上這本書，祝你一路逆風。（《機會效應》）

解析 先鋪陳逆風才有機會，最後結論就寫出反向思考的「祝你一路逆風」。

範例三：

即使這群長輩在豐饒的池上已定居好幾代，仍沒忘記島嶼南方的老家，他們曾返回恆春舊部落尋根，家鄉還有族人居住，但已不太會說阿美族的語言，反而能講流利的排灣語跟閩南語，因為已被強勢族群同化，找不回自己的母語了。一位躺在床上的年長族人不斷流淚，喃喃訴說殘留的回憶。突然發覺，眼前繽紛熱鬧的阿美族餐桌，就是一道道池上的山川風土，他們震撼的歌舞，彷彿是當年帶著孤絕毅力的先祖，牽著老父老母，揹著孩子，一路尋尋覓覓，抵達池上之後，內心湧現的歡呼喜悅。背離了大海，卻遇到永遠的夢土。（《風土餐桌小旅行》）

解析 先寫出從屏東滿州遷徙到台東池上的阿美族的過去，再描寫阿美族的池上風土餐桌，以及承繼自滿州的歌舞，最後再用大海與夢土總結，將恆春半島滿州的海與花東縱谷內陸的池上串連。

模式二：情緒感受的抒發

當結論想傳達作者的心情，要讓人有共鳴，字句就不宜過長，最好是用一句話、一段簡短的字句來收斂，就不會讓情緒泛濫，點到為止反而更有韻味。

> 範例一：
>
> 山居歲月平淡自在，鍾媽媽說，早上澆水種菜，煩的時候就出去吹吹風，日子過得很快樂。
>
> 什麼時候，該再去找鍾媽媽一起吹吹風了？（《風土餐桌小旅行》）

解析 鍾媽媽自在地吹吹風，是個傳達山居歲月的伏筆，結尾就應用吹吹風的意涵，埋下作者想去找鍾媽媽的懸念問號。

範例二：

女兒參加桌球校隊的時間並不長，一開始的比賽總被外校對手痛擊，我在現場非常緊張，都是抱抱她，要她記住失敗的原因，勤加練習。女兒總是一早出門練球，放學後繼續練習，教練不苟言笑，嚴格督促，孩子們總是戰戰兢兢。何時才能旗開得勝呢？實在不確定。在北區少年桌球菁英賽中，女兒竟然連勝兩個同年級的對手（過去常對上高年級），看到她表現沉穩，回擊得分時，她與奮地振臂高喊，比賽結束後，我抱著她激動的流下眼淚。女兒沒哭，反而是老爸哭了。我永遠記住那一刻。（《走自己的路，做有故事的人》）

解析 前兩段提到女兒比賽的失敗與練習，以及不知何時能獲勝，當終於獲勝的那一刻，情緒從低谷拉到高潮，結語只用一句話來回應倒數第二段的最末句，反而更有張力。

模式三：引述名言，加以詮釋

一般作文最常用名言、俗話說、成語來當結論，如果要不落俗套，引用的句子最好是自己閱讀過、消化吸收的佳句，不要都是太常見的句子。另外，不要只是引用，還要延伸詮釋，呈現個人獨特的看法。

範例一：

伊索寓言也有個故事，一個人吹噓他在羅陀斯島有極高的跳遠能力，只要找到羅陀斯島的人就能證明，旁人說，「這裡就是羅陀斯，就在這裡跳躍吧！」要求他不要說大話，就在我們面前跳跳看吧。

後來德國哲人黑格爾巧妙改寫為「這裡就有玫瑰花，就在這裡跳舞吧！」每個人既然跳脫不出身處的世界，就要好好把握當下，盡情跳舞。

絕境就是玫瑰花，就在這裡跳舞吧！（《機會效應》）

解析 **這篇文章訴求的主題是絕境會刺激創造力，因此引用黑格爾的名言，再將玫瑰花置換成絕境，鼓勵大家在絕境中跳舞，接受絕境考驗。**

範例二：

我借用美國小說家富蘭瑞納．歐康納（Flannery O'Connor）的短篇小說《上升的一切必將匯合》（*Everything That Rises Must Converge*）的名稱，象徵未來向上提升的整合力量（雖然這是一篇有點驚悚怪誕的小說）。

想起在開卷頒獎的現場，聽到得獎的出版編輯引用作家王定國在《誰在暗中眨眼睛》的後記：「一無所求的追尋，才發現它含有至高無上的價值。」當時我握著沉甸甸的開卷獎座，頓感莫名的激動，也領悟到，一無所求的追尋，就是故事最終的價值。

我走過一條林中路，帶回一些故事，勉勵自己，也分享給更多人。現在，我再度走入另一條林中路，展開新的故事旅程，只是，這次有不同團隊參與，不再是我孤單一人。

上升的一切必將匯合，期待我們能找到至高無上的價值。（《走自己的路，做有故事的人》）

解析 這篇引用兩句名言，連結到自己的領悟，結語再將這兩句名言拆解與重組，變成自己的話語，自我勉勵、也鼓勵讀者。

模式四：值得玩味的好句子

除了理性的有力結論，或是感性個人抒發，以及引述名言之外，有時對他人做出評語，可以運用一些文字巧思，讓結論別具特色。

範例一：

這些家常菜，都是美蓮姐從小到大的家常菜，即使離開往昔的河谷地，來到嶄新的房子，小林滋味還是不變。她以前在小林山上種了幾十甲地的竹筍，清晨出門，一直工作到晚上才回家，一天得採收兩千斤的竹筍，搬到五里埔之後，沒有土地，只好租一甲地，種芭樂、百香果，以及雞角刺。
滿山的筍，沒了，家，沒了，但美蓮還有小小的新家與家人，在這塊小田地上，再一棵一棵，種回自信。（《風土餐桌小旅行》）

解析 這篇描寫甲仙小林村居民的重生。先用一段談美蓮生活的改變，最後一段試圖傳達未來的希望，先寫過去全沒了，再來用種回自信、長出希望，字句刻意短而有力。

範例二：
太多如果，太多可能擦肩而過的機會，在幾次關鍵時刻，他都一一抓住了。
這一連串的點點滴滴，豐富了他的人生，成為畫作的底蘊。
「優席夫這個名字在阿美族語代表什麼意思？」我好奇。
「帶來豐盛的意思，還有反敗為勝的意涵。」現在，他真的成為名副其實的優席夫了。（《機會效應》）

解析 優席夫是國際知名的阿美族藝術家，過去一直跌跌撞撞，最後才找到自己的藝術特色與自信。當時我詢問他名字的意思，知道是反敗為勝的意涵，當下發現這就是最好的結語，再將優席夫這三個字當結語最後一句。在採訪過程中，就要多動腦想想那句話、那個場景畫面的意涵，可以當意外驚喜的結語。

最強結論力：首尾呼應

最後，還有第五種、最需要精心安排的結論模式，就是首尾相連、開場與結尾相互呼應的結論。我認為這是讓讀者最驚喜、最強而有力的結論模式。《非虛構寫作指南》指出，這種結論是將故事帶回原點，在結語呼應文章一開始敲響的音符，具有一種對稱感，能取悅讀者、產生共鳴，並結束這段作者與讀者一起開始的旅行。

範例一：

開場：

「我是關關難過關關過的阿娟（娟的閩南語唸ㄍㄨㄢ）。」這是我在全家便利超商績優店長教育訓練工作坊，聽到最有趣的自我介紹。戴著眼鏡，看起來像一位老師的岡山店長許瑞娟，告訴我她為什麼總是遇到難關，又能化險為夷。

結語：

現在阿娟不只度過難關，還開了七家店，對面的競爭者，早就關門大吉了。奮勇逆轉的阿娟，竟成為別人的難關了。（《機會效應》）

解析 開場提到阿娟的難關，結語前一段鋪陳阿娟度過難關，還讓對手關店的現況，結語就用一句話點出阿娟成為別人的難關。難關當開場，也當結語。

我在寫開場白時，就在思考結論是寫她闖關成功，還越開越多家，但要如何讓結語很有趣、又能首尾相連？最後發現「難關」這個關鍵字可以貫穿頭尾。

範例二：

開場：

「各位晚安，我是震宇，」我對現場三百多位聽眾說，「但我不是周震宇，我是洪震宇，周震宇老師因為塞車，要晚五分鐘到。」

聽眾哄堂大笑，我是聲音表達專家周震宇這場演講的主持人，他遲到了，得先上台暖場，介紹講者。我跟聽眾分享兩位震宇如何相識的故事，過程中還模仿他的聲音，逗得大家哈哈大笑，讓現場氣氛變得輕鬆活潑。

幾分鐘後周震宇趕到現場，一上台，渾厚磁性的嗓音傳遍全場，收斂大家的目光。他朗誦〈楓橋夜泊〉的詩句「月落烏啼霜滿天」，讓大家理解聲音與文字的連結，「月亮是高的，霜是飄的，如何用聲音呈現畫面呢？」

結語：

如果那天不是這麼巧合地坐在一起，也不會引發後續這麼多變化。

當我說完這個故事，周震宇就出現在演講現場，這是我們第一次同台演講，狐狸與刺蝟的登場。（《機會效應》）

解析 我以幫周震宇代打暖場的故事當文章開場，並分享兩人相識的小故事。文章主題是討論狐狸與刺蝟，分心探索跟專心守一的差異，並分析如何運用狐狸的好奇探索，開拓職場新機會，同時寫了別的採訪故事當佐證。

最後結語又回到原點。我講兩人的相識故事，以及第一次同台演講，再次強調狐狸與刺蝟的主題。

只要讓讀者記得你的第一句話，以及最後一句話，就等於記住了全部。

回顧與練習

這堂課教如何寫好結論，一共有四種結論模式。

練習1

初階練習：請你想一想文章的結論方向，並嘗試選擇其中一種模式，練習寫出自己的結論。

練習2

進階練習：寫出頭尾相連的結論模式。可先改寫開場，再想辦法將結論扣連到開場。

第三部

精準寫作的應用

第 16 課

人物採訪篇

觀察與提問
讓表達更全面

我做了十二年的記者（包括五年的副總編輯），離開媒體前後，一直不確定自己除了採訪寫作之外，還能有其他專長嗎？未來的人生還能創造什麼變化？

離開媒體之後的這十年，我同時從事各種跨領域工作，刻意學習與累積解決問題的經驗與能力。包括輔導顧問、旅行設計、演講與教學等工作，才深深體認記者的採訪寫作能力，讓我的實務經驗與學習曲線如同滾雪球般快速且深入。

比方，當我需要深入了解各個企業、各個鄉鎮社區的問題與需求，提問與觀察，就能幫我找到潛在的真正問題，進一步提出更好的解決方案。而長期訓練的寫作技巧，則讓我思考更縝密，溝通時兼及行銷策略與影響力。

因此，我在設計企業培訓的課程內容，與各種主題課程（包括故事力、提問力、精準表達力，以及寫作課）的公開班時，都會讓學員練習採訪寫作。我要學員練習採訪寫作，目的不是要他們成為記者，而是希望大家在觀察、提問，傾聽與整理重點的練習中，像記者那樣思考，跳脫同溫層以及知識詛咒的影響。

像記者那樣思考

記者工作的重點，是把事情的來龍去脈弄清楚，要能勇敢提問，更要組織散落的資訊，賦予意義，同時找出切入角度與觀點，用他人理解的文字、簡單明瞭的說明清楚。

像記者的思考，就是放下自己的主觀角度，重新去了解他人，透過觀察與提問，更深入瞭解事物全貌。

許多工作者需要瞭解顧客需求，才能找出創新提案或改善之道。練習採訪寫作，就是有效益的方法，如果能將顧客的故事、需求與問題寫成一篇文章，也是一種好的顧客需求分析與報告。

採訪寫作個案篇

接下來，我將以寫作課一位學員的採訪寫作文章，當作個案應用與分析。幫助讀者了解一篇文章如何從主題力、金字塔結構（觀點力、重點力與情節力）、開場力、結論力、與標題力，以及魚骨寫作法的應用。

ROA：讀者（R）是想多了解與學習行銷、業務、顧客服務專業能力的讀者。目的（O）希望透過這篇文章增加讀者對生活周遭人事物的好奇心，從學習計程車司機定哥的觀察力、記憶力跟積極上進的態度。（A）希望讀者可以轉分享作者的文章、追蹤作者，也能跟計程車司機多交流，發現司機獨特的能力與故事。

主題力：學員採訪他經常搭乘的司機計程車定哥。訪談內容從定哥過去的餐飲經驗、房仲到現在的計程車，由於定哥目前以計程車為主業，他擅長把生客變成熟客，跟過去其他工作關聯不大。我建議聚焦在目前的計程車工作，因為計程車競爭很激烈，但是定哥如

精準寫作．定位策略流程圖：如何將生客變熟客

ROA	讀者（R）→ 目的（O）→ 行動（A） 想學習行銷、業務、顧客服務專業能力的人 → 透過文章增加讀者對人事物的好奇心，學習計程車司機的態度 → 希望讀者轉分享、追蹤、發掘計程車司機獨特的人生故事
主題力	將主題定位在稀有／新奇模式 → 吸引讀者的注意
觀點力	運用觀點力第三種模式「如何建立美好的顧客關係」→ 積極建立良好的顧客關係 → 創造自己的獨特價值
結構力	將時間軸改成空間軸 → 找出顧客出沒的熱點、製造熟悉感、運用觀察力開發新客
情節力	針對以上三重點 → 寫出對應的例子
開場力	運用一個問號當開場 → 吸引讀者好奇
結論力	運用一句話 → 強而有力的總結
標題力	直白觀點的標題 → 改成提問式標題 → 引發讀者好奇 「生客變熟客：老司機經營之道」→「如何讓顧客源源不絕？」→「小黃司機不告訴你的經營祕密」

何脫穎而出，一定有獨到之處，主題定位就建議在稀有／新奇這個象限模式，才會吸引讀者的注意。

觀點力：可以運用觀點力第三種模式，如何建立美好的顧客關係。觀點是積極建立良好的顧客關係，在競爭激烈的計程車行業中，創造自己的獨特價值。

結構力：學員報告定哥的故事，是從時間軸開始進行，但文章會太冗長，如果將時間軸改成空間軸，不談太多過去的經驗，只聚焦他如何將生客變常客的方法，這是許多上班族需要學習的業務能力、以及顧客服務的能力，才會跟讀者有連結，有所啟發與學習。因此，支撐結構的三個重點是找出顧客經常出沒的熱點、製造顧客對定哥的熟悉感，以及運用觀察力開發新客人。

情節力：則是搭配這三個重點，需要寫出符合重點的例子與細節。

開場力：運用一個問號當開場，吸引讀者好奇。

結論力：運用一句話，強有力的總結。

標題力：最後需要下一個吸引人、又能傳達觀點的標題。原本是直白觀點式的標題，我建議改成提問式、讓讀者好奇的標題，否則計程車司機的故事與特色，不一定會吸引一般讀者。

生客變熟客：老司機經營之道❶

找到適合自己的位置，細水長流地走下去。

——安倍夜郎，《深夜閒話》

您知道嗎？根據統計，一個台北市計程車司機，一天開車10小時下來，有多少時間是處於空車狀態？

3個鐘頭。❷

一位司機朋友定哥說，最多空車2小時。而且開車10年、空車不超過5天。❸

他是怎麼做到的？

❶「生客變熟客：老司機經營之道」，生客變熟客是對比句子，會吸引人注意，但建議要加一個動詞「把」，把生客變熟客，會比較有力量。其次，老司機是熟門熟路的意思，但是一般讀者不懂這個含義，而且不知道是講計程車司機，建議要換大標題。

❷ 這句沒有寫出根據來源，不容易有說服力，需要補充數據來源。
❸ 這段話意思不清，需要將空車不超過五天的意思說清楚。

開車先從整理大數據、規劃熱點開始❶

現在看定哥載客，感覺像行雲流水一樣簡單。不過定哥從沒跟人提過的是，剛開始開車，他花了整整一個多月的時間、就只做一件事。

跑完每趟車，不是忙著張望，搜尋附近有沒有下一個生意；而是拿出筆記本，詳細記錄，載過的每個客人、乘車時間、上車地點、或是哪個巷口等資訊。

這樣不是很花時間嗎？這麼大費周章值得嗎？只見定哥緩緩道出，其背後的用意。❷

「我用最笨的方式做紀錄，乍看之下很沒效率、又沒錢賺；但我一點不在意。因為我很清楚，我要做、就會很勤快，熟悉度是早晚的問題。並且不斷自我學習，探討如何在這個行業，做到高手。」

記錄了大概一個多月後，定哥就會趁車子開到哪裡、看看手錶，接著翻開筆記，找有沒有這個路口、等到客人的紀錄？若有，定哥就會花點時間守株待兔、順便再驗證以往的資料。

「因為做生意，都希望有固定客、回頭客。紀錄一個月下來，不是固定客的、我就先刪掉。剩下來的固定客，我就是要趕在時間點到定位。這樣跑下來，我歸納發現，林森北路周邊、晚上七點半到九點，大部分都是載小姐趕著上班的CASE。」

「尤其下雨天、生意會更好！而且小姐住的地方固定、走出來的巷口也都是固定的。這下子、就只差我的車，有沒有辦法準時出現在那邊，就是時機問題。」

❶「開車先從整理大數據、規劃熱點開始」，小標需要再增加強烈對比。

❷「這樣不是很花時間？這麼大費周章值得嗎？只見定哥緩緩道出，其背後的用意」，這段刪除不影響後面的文意，就可以捨去，文章才會比較精簡。

製造熟悉感，讓乘客輕鬆又享受❶

「像我固定時間去等客人，客人一上車、看到我就說，哎呀怎麼這麼巧？剛好又是你！第二天、第三天，慢慢就變成我的固定客。」❷

坐上車、就能感受到定哥歡迎的熱情，卻是很自然、也很有分寸。腦海裡、似乎早就擁有好幾套劇本，丟個一兩句話、看看客人回應如何？再決定怎麼繼續搭話。

藉著開車載客、定哥一面訓練超強的記性：比如這趟車跑的點特別遠、或是搭車的時間很特別、或是當天聊了甚麼特殊的話題，這些都很容易記憶下來。然而，定哥還有更厲害的一招在後面。遇到好像曾經載過、有點面熟的客人，定哥的腦袋，馬上開始啟動了。

> 先丟幾句簡單的問候，測試一下客人的心情與反應。往往藉著搭話、定哥很快就能搜尋到記憶庫，把上次載客人的訊息DOWNLOAD下來、繼續創造延續性的話題或情境。❸
>
> 「人際互動之間的觀察，對我來講就是自然、就是習慣。我比較熱情、樂觀，人家還沒開口，我就知道他需要甚麼。我覺得人為人服務，就是一種需要，我們知道他有這個需求，那我們能做到。」❹

❶「製造熟悉感，讓乘客輕鬆又享受」，輕鬆又享受的意思，不太符合這個區塊重點想傳達的意思。

❷「像我固定時間去等客人……慢慢就變成我的固定客」，這段前面要有一個魚頭句，抓出整段重點，讓讀者知道這裡是新的重點，關於製造讓乘客放心的熟悉感，才能與上一區塊重點區隔。

❸「坐上車……繼續創造延續性的話題或情境」，這三段意思有些凌亂，需要重新整理，讓文句精簡扼要，讀者才容易掌握重點

❹「人際互動之間的觀察……那我們能做到」，這段意思比較重複，最好有其他引述的話來補強，並強化這個區塊重點的結論。

鍛鍊觀察力，精準預測生意上門❶

聊著聊著，定哥突然露了手看家本領，說騎樓有動靜。

「這對情侶，待會要坐車。」果不其然。小倆口前一刻還在卿卿我我，看到好像有空車，便快步走了出來招手。

是看到了甚麼跡象嗎？怎麼預測得到他們的動作！❷

「客人看他過馬路，看他肢體語言，他還沒招手，我就知道他要坐車。兩手提滿東西的客人，他沒有手招車，我是不是可以停下來、給自己也給客人一個機會？就這樣慢慢累積經驗。你說刻意訓練嘛？也沒有，我就是很喜歡觀察人的動作跟神態。」

路上的客人有甚麼需求，會有甚麼動作？定哥都訓練自己，在第一時間內就要做出回應，猜對猜錯都樂此不疲。觀察久了、常看常猜，之後就能提升準確度。定哥說，現在猜10個可以中8到9個。

「開車路上，遠遠看見客人，這時候就要先觀察。接近一段距離後，觀察客人的動作。最後是車子開更近時、客人出手攔車的反應，久了，我就學到未卜先知。」❸

❶「鍛鍊觀察力，精準預測生意上門」，預測生意上門的意思不夠精準，要換其他句子。

❷「聊著聊著……怎麼預測得到他們的動作！」，以上這幾段需要整併比較緊湊，

需要用一個魚頭句，來提綱挈領說這段重點，否則會不知道為什麼要提到鍛鍊觀察力，要說明原因。

❸「開車路上……我就學到未卜先知」，這段跟前面的意思重複，可以刪除。

> 聊天的時候，定哥手機常常顯示新訊息。定哥每次回話完、手機輸入完後，就連聲說不好意思。「幾乎都是客人打來預約的。雖然每一趟路程，長短不是我能決定，但我絕對把握住每次機會，讓客人下次坐車、就知道先打給我。」❶
>
> 熟客懂得經營，生客族群、也絲毫不放鬆。定哥開發生客，並不是消極尋尋覓覓、大海撈針。他會看天氣、當下的時段，附近有沒有已經開發的熱點等等條件，積極尋找想搭車的客人。
>
> 台北市每天，有3萬個司機在開計程車。但是定哥對於開車這件事，積極把握每次載客的機會。努力把生客經營成熟客，創造出屬於他自己的定位。❷
>
> 茫茫人海，若有機會搭上定哥的計程車，一期一會、往往就變成細水長流。

❶「聊天的時候……就知道先打給我」，這段需要放在重點二，比較能強化內容，取代重點二最後一段話，比較強而有力。

❷「台北市每天……創造出屬於他自己的定位」，只需用一段話把三個重點簡要重複一次，提醒讀者，才能鋪陳最後一段精簡的結論。

修正版

如何讓顧客源源不絕？小黃司機不告訴你的經營祕密

找到適合自己的位置，細水長流地走下去。

——安倍夜郎，《深夜閒話》

您知道嗎？根據統計，一個台北市計程車司機，一天開車十小時下來，有多少時間是處於空車狀態？

根據一〇七年交通部統計處計程車營運狀況調查報告，平均大約是三個鐘頭。

長期接送我的司機定哥說，開車十年來，他每天的空車狀態大部分都在一小時以內，空車兩小時的狀態不超過五天，幾乎都沒有浪費時間與油錢。

這個驚人的成績是怎麼做到的？

用「如何」這兩個字，讓讀者知道本文在談方法，而且談的是讓顧客源源不絕的方法。源源不絕這個字眼的吸引力，會比原始版本「生客變熟客」更強烈。小黃司機比原本老司機清楚，加上「不」告訴你的經營祕密，會增加讀者的好奇心

補充了數據來源，才具有公信力

重新補強定哥的說法，讓意思更精準

強調驚人的成績，加重語氣，提高讀者的好奇心

不急著找客人，要先找熱點

現在看定哥載客，感覺像行雲流水一樣簡單。不過定哥從沒跟人提過，剛開始開車，他花了一個多月的時間，就只做一件跟跑車無關的事。

跑完每趟車，他不是忙著張望、搜尋附近有沒有下一筆生意，而是拿出筆記本，詳細記錄，載過的每個客人、乘車時間、上車地點、或是哪個巷口等資訊。「我用最笨的方式做紀錄，乍看之下很沒效率、又沒錢賺，但我一點不在意。因為我很清楚，我要做、就會很勤快，熟悉度是早晚的問題。並且不斷自我學習，探究如何在這個行業成為高手。」

記錄了大概一個多月後，定哥就會趁車子開到哪裡、看看手錶，接著翻開筆記，找有沒有這個路口等到客人的紀錄？若有，他就會花點時間守株待兔，順便再驗證以往的資料。

「因為做生意，都希望有固定客與回頭客。記錄一個月下來，不是固定客的，我就先刪掉。剩下來的固定客，我就要趕在時間點到定位。我歸納發現，林森北路周邊、晚上七點半到九點，大部分都是載小姐趕著上班的CASE。」

「尤其下雨天、生意會更好！而且小姐住的地方固定、走出來的巷口也都是固定的。這下子、就只差我的車，有沒有辦法準時出現在那邊，就是時機問題。」他說。

增加強烈對比感，說明找熱點比找客人重要

製造熟悉感，讓乘客好放心

> 好放心，比原本的輕鬆又享受來得清楚，因為安全感才是乘客最在意的

定哥利用固定時間去等客人，製造意外的巧合，增加熟悉感。客人一上車，看到他就說，「哎呀，怎麼這麼巧？剛好又是你！」，就這樣累積幾天之後，慢慢就變成他的常客了。

> 運用魚頭句強化新的重點，提醒讀者這裡開始談讓乘客放心的熟悉感

製造巧合之後，再來是如何產生共同話題。定哥的好記性，讓腦海裡擁有好幾套劇本，比如這趟車跑的點特別遠，或是搭車的時間很特別，甚至當天聊了什麼特殊的話題，他都會記下來。

有時他會先丟個一兩句話來測試客人的回應，再決定怎麼繼續搭話。如果載到有點面熟的客人，他會先用幾句簡單的問候，測試一下客人的心情與反應，再藉著搭話，快速就搜尋到記憶庫，延續上次的話題。

> 將原本倒數第四段移到這裡，比較符合這個重點的意思

這樣刻意地建立熟悉感，讓他不斷將生客變成常客。我跟定哥聊天的時候，他的手機常常有客人打來，或是顯示新訊息，他每次回話完、傳完訊息後，就連聲對我說不好意思。「幾乎都是客人打來預約。雖然每一趟路程，長短不是我能決定，但我絕對把握住每次機會，讓客人下次坐車、就知道先打給我。」

> 用魚頭句強化這個區塊重點的總結

鍛鍊觀察力，精準預測顧客需求

他持續經營老顧客，也努力開發新客群。聊著聊著，定哥突然露了手看家本領，說騎樓有動靜。「這對情侶，待會要坐車。」果不其然，小倆口前一刻還在卿卿我我，看到好像有空車，便快步走了出來招手。

「看客人過馬路，看他肢體語言，還沒招手，我就知道他要坐車。兩手提滿東西的客人，他沒有手招車，我是不是可以停下來、給自己、也給客人一個機會？就這樣慢慢累積經驗。你說刻意訓練嗎？也沒有，我就是很喜歡觀察人的動作跟神態。」

路上的客人有什麼需求，會有什麼動作？定哥都訓練自己，在第一時間內就要做出回應，猜對猜錯都樂此不疲。觀察久了，增加敏感度，就能提升準確度，現在猜十個可以中八、九個。

台北市每天，有三萬個司機在開計程車，競爭很激烈。但是定哥積極把握每次載客的機會，先找出熱點，並努力把生客經營成熟客，還透過觀察力持續開發新客人，創造出屬於自己的價值，更讓生意源源不絕。

茫茫人海，若有機會搭上定哥的計程車，一期一會可能就變成細水長流。沒想到搭計程車，也能學到顧客經營之道。

> 顧客需求，比原本的生意上門清楚

> 先用魚頭句強化這個重點的意思，才能讓顧客源源不絕

> 強化三個重點：先找熱點，讓生客熟客，運用觀察力開發新客人

> 加入最後一句話，增加跟讀者的連結

從學員版到修正版，是一個拆解與補強的過程，也讓大家了解到，一篇採訪寫作的稿子，必須經過不斷的提問、精簡與修正。當你完成第一版的稿子，不要以為已經就是最後定稿，還需要站在讀者立場思考，仔細推敲與調整。儘管如此，每篇文字都還是要先寫出來，才有機會進行修正，變得精準好看。

回顧與練習

這堂課說明採訪寫作的觀察與提問，透過學員版跟修正版的分析與比較，讀者可以了解一篇採訪寫作的文章，從主題設定，一直到結論、下標的寫作流程，進而實作。

練習1 **採訪撰稿：**運用這堂課完整的流程，寫出一篇採訪文章。建議採訪的對象是你感興趣、覺得他很有想法，能夠發揮充分專業的人物，整理出採訪稿之後，開始構思金字塔結構，並寫成一千字左右的文章。

第 17 課

個人介紹篇

呈現專業的精準寫作

你有表達自己專業的困難嗎？介紹自己熟悉的產品、服務或專業特色時，常常無法讓他人快速理解，產生好印象；或是不知道該如何用讀者理解的文字，來闡述、介紹自己的專業？

上一堂課我們談到學習像記者那樣思考，透過採訪來增加換位思考、附身他人觀點的能力。但是當我們談到自己的專業時，往往不自覺就會陷入自己熟悉的方式，寫了太多艱深的專有名詞與細節，反而讓不熟悉的讀者不知所云，甚至毫不關心。

學習像外行人那樣思考

我們需要學習像外行人那樣思考。外行人的思考，不是白目、不了解他人感受，而是透過好奇的提問，有技巧地旁敲側擊，甚至打破沙鍋問到底，才能釐清脈絡。其次是同理心，站在他人的立場，透過詢問與感受，不放過各種細節，了解對方的需求與感受，才能進一步思考如何滿足對方的期待。

寫作也是如此。若要跟不了解自己專業的人（例如一般大眾、客戶或其他部門的同事）溝通，就需要跳脫自己的角度，轉換成外行人的角度來看自己的專業，思考要如何以清楚、簡單、易理解的寫作方式，來呈現複雜的專業。

精準寫作・定位策略流程圖：**如何呈現葡萄酒專業知識**

ROA

讀者（R） ➡ 目的（O） ➡ 行動（A）

不了解葡萄酒、但對葡萄酒有興趣的人 ➡ 透過文章增加讀者對葡萄酒的了解 ➡ 希望讀者按讚、點閱、促進葡萄酒知識交流

主題力

將主題定位在「熟悉與稀有」模式 ➡ 廣泛多樣的紅酒，也有學習新視角

觀點力

運用觀點力「挑戰既有的想法」 ➡ 透過三瓶酒聚焦學到的三堂課 ➡ 引人好奇酒的特色及作者的小故事

結構力

支撐結構的三重點 ➡ 三瓶不同風味與特質的酒

情節力

突顯三瓶酒 ➡ 各自的特色、風味、產地與感受

開場力

運用一個情境的連結 ➡ 跟讀者產生關聯

結論力

作者個人情緒的抒發 ➡ 傳達對紅酒的感受與學習

標題力

直白平淡的標題 ➡ 改成提問式標題 ➡ 引發讀者好奇

「來自葡萄酒的反思」 ➡ 「葡萄酒不只是酒，葡萄酒教我的三堂課」 ➡ 暗示文章內有驚喜

個人介紹個案篇

我以寫作課學員撰寫個人專業的文章，當作個案分析。幫助讀者了解撰寫自己的專業，在主題力、金字塔結構、開場力、結論力與標題力，以及魚骨寫作法上的應用。

這位學員擔任葡萄酒貿易商的客服人員，負責線上、電話與店面解答客人品酒知識與產品介紹。她想透過寫作呈現自己的專業，卻不知該如何切入。文章的原始版本採用直白觀點式的標題，卻沒有寫出重點，太平淡了，無法跟讀者產生連結。

學員版

來自葡萄酒的反思 ❶

「這葡萄酒怎麼這麼難喝啊！」「對啊，酸酸澀澀的，不順口。」隔壁親戚討論著圓桌上的葡萄酒，一臉嫌棄地放下酒杯。

我從沒想過自己會踏入葡萄酒產業，更沒想到學習過程帶給我這麼多的反思。❷

❶ 標題「來自葡萄酒的反思」，標題需要有一句話來傳達葡萄酒帶來的反思，否則很平淡、不夠有力量，跟讀者也沒有連結。

❷「我從沒想過……更沒想到學習的過程帶給我這麼多的反思」，在這段之前，需要補充原本的專業，以及想換工作的原因，讀者才能有理解的脈絡。

> 訓練一下邏輯 葡萄酒的本質❶
>
> 幾年沒有當學生了，開始佩服以前的自己居然能背那麼多東西。❷白葡萄品種、紅葡萄品種、香檳用的品種、產區的名字、各種天氣對於葡萄的影響、有河沒有河、有山沒有山、有沒有靠著海邊、適合的緯度在幾度，這些東西都在我們的腦子裡攪成亂麻。

❶「訓練一下邏輯 葡萄酒的本質」，這個小標太抽象，無法讓人一眼看懂。

❷「幾年沒有當學生了，開始佩服以前的自己居然能背那麼多東西」，這句魚頭句無法傳達整段的意思，需要改寫。

> 眼前，老師給了一杯來自昆斯特樂酒莊的麗絲玲白酒（Künstler, Riesling VDP Gutswein Trocken 2015），要我們推測它的風味。
>
> 大家一臉呆滯，看著亮晃晃的酒杯，清澈的葡萄酒，再看著酒瓶上的酒標，沒有

人能說個所以然。這酒來自德國、一個很有名的酒莊，但沒喝過怎麼知道味道？

老師提了一個問題：「你們知道葡萄是一種水果嗎？」

葡萄是一種水果，所以用吃水果的常識來理解是最容易的。冷的地方，很難熟、比較酸、會有一點草味；炎熱的地方，易熟、酸度低、甜度高，可以釀出果味豐富的酒。

果然，乾淨的柑橘，明顯的酸度，帶點蔬菜葉子的香氣。就像吃到沒這麼熟的桃子，再酸一些些，如果是我吃到這顆桃子，一定會說這是比較涼的地方種出來的。❶

這些邏輯我們在吃水果時都知道，為什麼到了葡萄酒就無法聯想？❷

❶「葡萄是一種水果，所以用吃水果的常識來理解是最容易的。……一定會說這是比較涼的地方種出來的」，以上兩段是在傳達水果的風土特色，需要再補充一些內容，讓整段意思更清楚。

❷「這些邏輯我們在吃水果時都知道，為什麼到了葡萄酒就無法聯想？」，這段話太口語，需要修飾，否則意思不好懂。

葡萄酒總是給人距離感。有著高價格、穿西裝的侍酒師、法國餐廳、高腳杯這些印象，但說到底不過就是一種水果釀的酒。

有多少情況我們被這些外在的包裝所影響？LV包包說到底，就是一個袋子，裝東西用的；貂毛大衣說到底，就是一件衣服，保暖用的。❶

我們時常忘了東西的本質，只用光鮮亮麗的外在、價格在衡量，沉溺在比較的漩渦中。❷

❶「有多少情況我們被這些外在的包裝所影響？……就是一件衣服，保暖用的」，這一段文字太口語、需要修飾，讓文意更清楚好懂。

❷「我們時常忘了東西的本質，只用光鮮亮麗的外在、價格在衡量，沉溺在比較的漩渦中」，這裡需要強調第一課學到什麼，整理重點提醒讀者。

可以主觀但不可以有偏見 雪莉酒給的一課❶

喜好是非常主觀的一件事，我就非常討厭雪莉酒的味道。

很多人聽過雪莉桶威士忌，但很少人知道雪莉酒是葡萄酒的一種。其中一種做法，是將酒釀好之後，讓表面長出酵母，減少接觸空氣被氧化的狀況，增加雪莉酒特有的風味。

就是這種特殊的香氣讓我非常排斥。❷第一次喝到盧世濤雪莉酒莊的普爾托菲諾雪莉酒（Bodegas Lustau, Puerto Fino NV），只能用驚恐來形容，有著海邊魚市場的味道，喝起來還鹹鹹的，這東西到底哪裡好喝？

❶「可以主觀但不可以有偏見 雪莉酒給的一課」，小標需要再精鍊。

❷「就是這種特殊的香氣讓我非常排斥」，魚頭句通常要主動有力，這句話卻比較被動，不如改成「我非常排斥」這種特殊香氣，文句更精簡有力。

> 在課堂上，我堅持著不想喝眼前的雪莉酒，但其他同學都喝了，還是意思意思一下吧。
>
> 完全不一樣的味道，不一樣的風味，是我非常喜愛的葡萄乾甜甜的香氣。❶這次老師給我們的是PX雪莉酒，先將葡萄酒曝曬濃縮，達到高甜度的甜點酒。完全不同的做法，只是有著一樣的名字。
>
> 因為不了解，所以排斥、持著偏見，這不就是我們常犯的錯誤嗎？❷
>
> 就像各式各樣的歧視。從種族、職業、性別、財富……因為有著刻板印象，人們對外籍勞工有著厭惡的表情，因為不了解，社會對於第三性別、同性戀，甚至左撇子都有刻板印象。這樣，真的公平嗎？

❶「完全不一樣的味道……是我非常喜愛的葡萄乾甜甜的香氣」，魚頭句需要表達更驚訝的感受，目前的寫法比較平淡，沒有讓讀者有驚訝的感受。

❷「因為不了解，所以排斥、持著偏見，這不就是我們常犯的錯誤嗎？」，開頭要有一句魚頭句突顯自己的反省，否則寫出「因為不了解……」，邏輯上會跳太

快，跟前一段沒有銜接感。

> 百聞不如一見，來自波爾多佳釀的感動❶
>
> 在一次機緣下，與爸媽一同去露營，爸爸的朋友知道我正在學習葡萄酒，因此特別帶來一款讓我嚐嚐。❷
>
> 一看到酒標，這是波爾多二級酒莊、杜庫布卡一軍紅酒（Château Ducru-Beaucaillou 2009），眼睛馬上亮了起來，波爾多二級酒莊，二〇〇九年的波爾多超好年份，一瓶要價上萬元，真的不是隨便就喝得到。
>
> 在喝下去前，我對這瓶酒的了解，僅止於那些廣告文字及課本上的介紹。
>
> 波爾多產區分級制度分為五級，這個酒莊是排名在最有名的一級酒莊、五大堡之後，是受到規範認可的酒莊。二〇〇九年是近年來最好的年份之一，天氣及採收都在最佳狀況；波爾多的酒款基本上都需要時間陳放，已經放了九年應該相當合適，而且國際酒評家也標示著這款酒正值最佳試飲期。

❶「百聞不如一見，來自波爾多佳釀的感動」，這個小標缺乏有力量的情緒，需要再修飾。

❷「在一次機緣下……因此特別帶來一款讓我嚐嚐」，需要在這段之前新增一段文

字或在小標中加入提示，讓讀者知道這段要寫第三瓶酒，否則上一段跟這一段沒有銜接，會讓讀者有突兀感。

在露營地，沒有專業的酒杯、沒有完美的溫度、沒有完整的醒酒過程，但從喝下去的那一刻，突然好多東西都了解了。

再多的文字，都不如這一口酒。細緻如絲綢的口感，清新淡雅的莓果香氣，其中再帶出玫瑰花香，有著厚度卻沒有負擔，一切就是這麼剛剛好。

就像第一次登上百岳，看到在相片中的美景，無法用相片、文字形容的感動。❶期許自己不要只會用華麗詞藻、虛無空泛的文字，而是能真正分享自己的實際感受，讓大家了解到葡萄酒的好，不要成為只是講著一口好酒的人。❷

拿起圓桌上的酒杯，嗯，真的不太好喝。

不過我欣然接受這就是一款紅酒，就像第一次認識的朋友。

❶「就像第一次登上百岳……文字形容的感動」，這段語意需要再整理。

❷「期許自己不要只會用華麗詞藻……不要成為只是講著一口好酒的人」，這段要總結這三瓶酒的學習，提醒讀者重點，才能用最後一段強力地收尾。

讓專業簡單、有趣與有深度，是本書想傳達的核心想法。就像這位學員說的：「不要只會用華麗詞藻、虛無空泛的文字，而是能真正分享自己的實際感受，讓大家了解到葡萄酒的好。」仔細比較兩個版本的差異，以及解說框內標出的建議，勤加練習，就能讓自己的專業被更多人看到。

修正版

葡萄酒不只是酒，葡萄酒教我的三堂課

「這葡萄酒怎麼這麼難喝啊！」「對啊，酸酸澀澀的，不順口。」隔壁親戚討論著圓桌上的葡萄酒，一臉嫌棄地放下酒杯。

我從沒想過自己會踏入葡萄酒產業，更沒想到學習過程帶給我這麼多的反思。

我原本從事醫院評鑑的行政工作，這個工作比較少接觸到人，我想換到能與更多人交流互動的產業，為自己的生命帶來更多溫度。於是決定換到非常陌

> 原標題太平淡、跟讀者沒有連結，要找出有力的一句話傳達題旨

> 補充作者背景和為何要學習葡萄酒專業知識，有了脈絡讀者才能理解

生的葡萄酒公司，擔任客服工作，要向顧客推廣葡萄酒，解答各種問題。

第一課　麗絲玲白酒：學習感受葡萄酒的本質，不被光鮮亮麗的外在迷惑

要推廣葡萄酒，就得先學習複雜的葡萄酒專業知識。白葡萄品種、紅葡萄品種、香檳用的品種、產區的名字、各種天氣對於葡萄的影響、有河沒有河、有山沒有山、有沒有靠著海邊、適合的緯度在幾度，這些東西都在我們的腦子裡攪成亂麻。

眼前，老師給了一杯來自昆斯特樂酒莊的麗絲玲白酒（Künstler, Riesling VDP Gutswein Trocken 2015），要我們推測它的風味。

大家一臉呆滯，看著亮晃晃的酒杯，清澈的葡萄酒，再看著酒瓶上的酒標，沒有人能說個所以然。這酒來自德國、一個很有名的酒莊，但沒喝過怎麼知道味道？

老師提了一個問題：「你們知道葡萄是一種水果嗎？」

葡萄是一種水果，所以用吃水果的常識、以及生長的風土特性，最容易理解。冷的地方，很難熟、比較酸、會有一點草味；炎熱的地方，易熟、酸度低、甜度高，可以釀出果味豐富的酒。

換個角度思考，果然就能感受豐富的風味。我可以嚐到帶有乾淨的柑橘

小標寫出寫酒名與學習，讓讀者一看就懂

重寫魚頭句，拉出重點，整理這段的意義

重新整理魚頭句，讓整段意思更清楚

味，加上明顯的酸度，還帶點蔬菜葉子的香氣。就像吃到沒這麼熟的桃子，味道就比較酸，如果是我吃到這顆桃子，一定會說這是比較涼的地方種出來的。

吃水果時都了解這些道理，為什麼到了葡萄酒就無法聯想？

葡萄酒總是給人距離感。有著高價格、穿西裝的侍酒師、法國餐廳、高腳杯這些印象，但說到底不過是一種水果釀的酒。

我體悟到，我們常常被這些外在的包裝影響，卻忽略真正的意涵。就像LV包包原本是一個裝東西的袋子，貂毛大衣就是一件保暖的衣服。

整段話太口語，修飾一下

這是我從葡萄酒學到的第一課，要去感受本質，不是外在包裝與價格。我們時常忘了東西的本質，只用光鮮亮麗的外在、價格在衡量，沉溺在比較的漩渦中，就不是真正在品酒了。

用魚頭句強調這瓶酒讓我學到的第一課

精鍊小標標題

第二課　雪莉酒：可以主觀，但不要有偏見

第一課告訴我，要感受本質，不要被包裝迷惑，然而喜好是非常主觀的一件事，我就非常討厭雪莉酒的味道。

第一次喝到盧世濤雪莉酒莊的普爾托菲諾雪莉酒（Bodegas Lustau, Puerto Fino NV），只能用驚恐來形容，有著海邊魚市場的味道，喝起來還鹹鹹的，這東西到底哪裡好喝？

調動段落：上一段提到討厭雪莉酒的味道，這一段就要說明，不能等到下一段

很多人聽過雪莉桶威士忌，但很少人知道雪莉酒也一種葡萄酒。其中一種

做法，是將酒釀好之後，讓表面長出酵母，減少接觸空氣被氧化的狀況，增加雪莉酒特有的風味。

> 加入這個字眼，突顯意外驚奇感

為什麼要選這瓶有怪味道的酒？在課堂上，我堅持著不想喝眼前的雪莉酒，但其他同學都喝了，還是意思意思一下吧。

> 增加這句話，並用疑問開場，增加情緒渲染，讓讀者感同身受

哇！出乎我意料，完全不一樣的風味，竟是我非常喜愛的葡萄乾甜甜的香氣。這次老師給我們的是PX雪莉酒，先將葡萄酒曝曬濃縮，達到高甜度的甜點酒。

完全不同的做法，只是有一樣的名字。這次的學習，讓我發現，因為不了解，所以排斥、持著偏見，這不就是我們常犯的錯誤嗎？

> 原版本的邏輯跳太快，跟前一段沒有銜接。此處把上一段最後一句話調整到這段，變成魚頭句，讀者便明白重點是同名但做法不同的雪莉酒

就像各式各樣的歧視。從種族、職業、性別、財富……因為有著刻板印象，人們對外籍勞工有著厭惡的表情，因為不了解，社會對於第三性別、同性戀，甚至左撇子都有刻板印象。這樣，真的公平嗎？

怪味道的雪莉酒，其實也有不同的滋味感受，我不應該先入為主，這是我學到的第二課。

> 增加這段當第二課的小總結，並開啟第三課

> 將紅酒與百岳文章中的連結，產生畫面感

第三課　波爾多佳釀：攀登百岳的壯麗感受

在一次機緣下，與爸媽一同去露營，爸爸的朋友知道我正在學習葡萄酒，

因此特別帶來一款讓我嚐嚐。

一看到酒標，這是波爾多二級酒莊、杜庫布卡一軍紅酒（Château Ducru-Beaucaillou 2009），二〇〇九年的波爾多超好年份，一瓶要價上萬元，真的不是隨便就喝得到。

在喝下去前，我對這瓶酒的了解，僅止於那些廣告文字及課本上的介紹。

波爾多產區分級制度分為五級，這個酒莊是排名在最有名的一級酒莊、五大堡之後，是受到規範認可的酒莊。二〇〇九年是近年來最好的年份之一，天氣及採收都在最佳狀況；波爾多的酒款基本上都需要時間陳放，已經放了九年應該相當合適，而且國際酒評家也標示著這款酒正值最佳試飲期。

在露營地，沒有專業的酒杯、沒有完美的溫度、沒有完整的醒酒過程，但從喝下去的那一刻，突然好多東西都了解了。

再多的文字，都不如這一口酒。細緻如絲綢的口感，清新淡雅的莓果香氣，其中再帶出玫瑰花香，有著厚度卻沒有負擔，一切就是這麼剛剛好。

就像第一次登上百岳，看到在相片中的美景，這是無法用相片、文字形容的感動。

不是因為要價上萬元才好喝，也不是因為廣告文字告訴我的味道，而是放下一切外在形式，用自己的感官單純感受紅酒的本質。

> 增加這段當第三課的總結，提醒讀者重點，才能用最後一段強力收尾

> 寫結論前，再次強調這三堂課的學習

從麗絲玲白酒、雪莉酒到波爾多萬元佳釀，我學到品酒的三堂課：認識本

質、不要被偏見影響，以及運用自己的感官。

我期許自己，不要只會用華麗詞藻、虛無空泛的文字，而是能真正分享自己的實際感受，讓大家了解到葡萄酒的好，不要成為只是講著一口好酒的人。

拿起圓桌上的酒杯，嗯，真的不太好喝。不過我欣然接受這就是一款紅酒，就像第一次認識的朋友。

兩段合併在一起，語氣才能連貫

回顧與練習

這堂課討論運用寫作力呈現自己的專業。透過學員版跟修正版的分析與比較，讓讀者了解一篇表達自己專業的文章，從主題設定，一直到結論、下標的寫作流程。

透過文字展現專業時，要經常提醒自己：我寫的專業內容或專業術語，讀者看得懂嗎？要舉什麼他們能理解的例子，如何將生硬的專業變成柔軟好入口的內容。

練習1

呈現專業的精準寫作：運用這堂課的流程，寫出關於自己專業或銷售商品的文章。也可加入上一堂課的採訪技巧，設想自己採訪自己、描寫自己的專業，要如何進行？進行從R〇A到標題力的一連串構思、畫出金字塔結構，並寫成一千五百字左右的文章。

第 18 課

企業個案篇（一）

建立溝通、寫出價值的精準寫作

我坐在狹小的會議室，聆聽四位銀行商品部主管的困擾。他們各自負責銷售保險、存款與投資商品，企劃人員經常要寫新聞稿給媒體、理財專員，傳達產品特色與投資理財觀念，但是效果往往有限。不是媒體不發稿，就是改寫刊登後的內容不如預期，不然就是理財專員無法簡要說明，讓客戶理解。

我原本是受邀來為他們講授商品文案寫作，在課前溝通的討論之中，我意外發現：這幾位主管的最大痛點是寫新聞稿。仔細了解之後，這些商品企劃想學的寫作，其實就是將商品特色、理財觀念與市場趨勢，整合成一篇精準傳達重點，不超過一千字的文章，讓讀者能理解，並達到促成銷售的目的。

過去他們的工作流程是，企劃人員寫完新聞稿，先交給公關部門核定，再轉發給媒體。但現在理財資訊龐大，溝通平台也不限於傳統媒體，企劃人員每天的發稿量變大，工作壓力更大。「現在還要經營官網跟臉書，直接跟大眾溝通。」主管很苦惱，「我們每天加班到十點，還是無法解決這些溝通行銷的問題。」

了解他們的實際問題之後，我把寫作課程分為兩階段：我先教授基礎的金字塔結構與魚骨寫作法，再教輕薄短小的商品文案寫作。我認為，企劃人員先具有長文寫作基礎（一千字左右），就能將複雜的金融商品、理財觀念轉換成簡潔具體的文章，也才能應付每天大量產出的壓力。

企業寫作的三大痛點

這家銀行是由內部企劃人員撰稿，但不少企業選擇將寫作外包，委託給公關公司或找寫手協助。然而，企業簡介往往有著太多空泛、抽象不精確的字句，不僅讀者無法理解與聯想、員工本身也不一定了解。在我看來，這類的簡介陷入了「知識的詛咒」，造成自說自話，無法對外有效溝通。

事實上，企業也需要具備寫作基礎與認知。全球知名企業中，就有兩位知名的執行長每年親自執筆，向大眾溝通他們的經營理念、願景與趨勢看法，一字一句都受到注目與解讀。一位是投資大師、波克夏投資公司董事長暨執行長巴菲特，另一位是亞馬遜執行長貝佐斯，他們每年都會寫一封致股東的公開信。

從這些信件內容看來，他們都是採取魚骨寫作法，也就是每段都有重點摘要的魚頭句，以及有邏輯、清楚的內容，加上明確的結論。儘管這些信件都是長篇文章，他們卻能透過清晰的思考，簡潔的寫作結構，傳達明確的想法，讓外界能夠引述與分析。

根據我擔任企業顧問，以及指導媒體、企業寫作技能的經驗，我歸納企業寫作有三個需要克服的痛點：缺乏核心思想（what）、讀者思維（why）與寫作技術（how）。

缺乏核心思想

核心思想是企業本身的目標、價值觀，以及跨部門共識，也就是觀點力。如果只是企業老闆、主管的要求，沒有透過部門內、跨部門的討論，建立清楚具體的共識，產品內容很容易就是各說各話，各自揣摩目標與重點，寫出來的內容就不一定符合企業目標，效果也會打折扣。

例如這家銀行的新聞稿，有一篇是訴求即將退休的族群要有穩健理財觀，但其中卻突然插入一段兒童理財的商品介紹。這與主題無關，只是塞入產品資訊，反而沒有效果，徒增讀者的困擾。

我向銀行主管說明金字塔結構，只要強調三個重點，讀者就能清楚了解，企劃人員也可以仔細發揮，不會增加閱讀與寫作負擔。但主管無奈回答，高層主管喜歡強調更多重點，他們就要照辦，塞入更多資訊，讓文章看起來很豐富。

這就容易陷入沒有換位思考的「知識詛咒」陷阱，想給讀者很多，卻忽略讀者的注意力與記憶力有限。第十二課賈伯斯與廣告公司的爭論，就是最好的例證。「你要人們注意的事情越多，他們記得的事情就越少。」

缺乏讀者思維

這個問題也連結到企業寫作的第二個痛點，缺乏讀者/用戶思維。企業容易習於產品思考，我們開發、推出什麼產品，再透過行銷或企劃部門寫文章推銷給讀者，卻忽略了「這是顧客想要的產品嗎」？

第二課提到要成為厲害的服務業，就要創造三件事：符合顧客的期待、解決他們的問題與製造意外的驚喜。亞馬遜就是一個顛覆用戶思考的超級服務業，貝佐斯有強烈的以顧客為中心的價值觀，也反映在他的寫作上，被譽為「亞馬遜首席寫作師」。

缺乏寫作技術

不論是將寫作任務外包給合作的寫手，或是由內部的企劃人員執筆，企業與寫作者雙方對於寫作必須要有一定的共識：不求辭藻的精美，而是有邏輯、具體且簡潔的表達。從主題力、觀點力、結構力（重點力與情節力）、開場力、結論力與標題力都有基礎認識，對內對外才能有效溝通。

從我的經驗與觀察，大部分企業經常將文章改來改去，問題往往在企業本身沒有核心思想、觀點不清楚，沒有清楚的ROA思考，導致反反覆覆，最後又回到企業寫作的惡性循環。

企業寫作個案一：建立核心思想與論述

企業的精準寫作，不能把寫作當成下游，以為只需要找個會寫作的人，能寫出美文就好。寫作不是出力的手腳，而構思的大腦，是品牌策略的源頭。

對企業來說，寫作就是企劃。寫作從開頭的企劃就要參與，列入行銷策略的一環，從一年、一季、一個月、一週，甚至每天，建立完整的溝通藍圖。這個目的是精確傳達企業的抽象想法，讓讀者產生具體感受與認知，進而產生改變的行動。

在品牌建立、產品開發過程中，需要擁有精準寫作的思維。我以自己曾擔任的外商直銷公司的品牌顧問為例，分享如何從品牌定位、建立中心思想，寫出完整論述文章，一直到最後撰寫廣告行銷文案的過程。

我先跟總經理討論她對新品牌的想法、遇到的痛點，以及市場趨勢的觀察。這家公司希望訴求年輕上班族加入直銷行列，但年輕人擔心初期創業風險高、壓力大，轉職會產生遲疑。因此，他們希望年輕人可用兼差的方式，利用下班空檔從事直銷工作，也開發出簡單好入手的直銷產品包，幫助他們銷售。

我先了解完整脈絡與需求之後，再將公司相關文案、調查報告、產品說明與新聞稿重新整理與消化，找出可以訴求的重點與素材。

但還差一個核心觀點。有了核心觀點，就像金字塔結構一樣，才能針對潛在顧客的需求與痛點，找出支撐的重點，以及相應的情節，例如簡易產品包、產品說明，以及其他相關的內容。

我左思右想，剛好看到《不離職創業》這本書，書上提到「兼職創業」的概念，很符合直銷公司的訴求，年輕人也容易理解。我運用這個觀點，把相關調查報告重新改寫、調整順序。

第一個重點是台灣目前創業的矛盾現象。七成的台灣人想創業，只有三成的人有決心。想創業，又不敢創業，這是台灣目前創業的矛盾現象。

第二個重點是，兼職創業是彈性思維與工作組合的概念。好處在於景氣好的時候，會帶來更多改變的機會；萬一景氣不佳，兼職創業就像一份保單，具有保險的功能。

第三個重點是，透過直銷業來培養創業能力，是最簡單、最有效益的方式。除了有好的報酬，還能學到業務力、溝通力與領導力，增加轉型與自我探索的機會。

在直銷業之中，這家外商公司推動兼職創業計畫的三個優勢。包括❶風險最低，不需要創業資金，❷沒有囤貨壓力，❸自己選擇投入時間與方式。

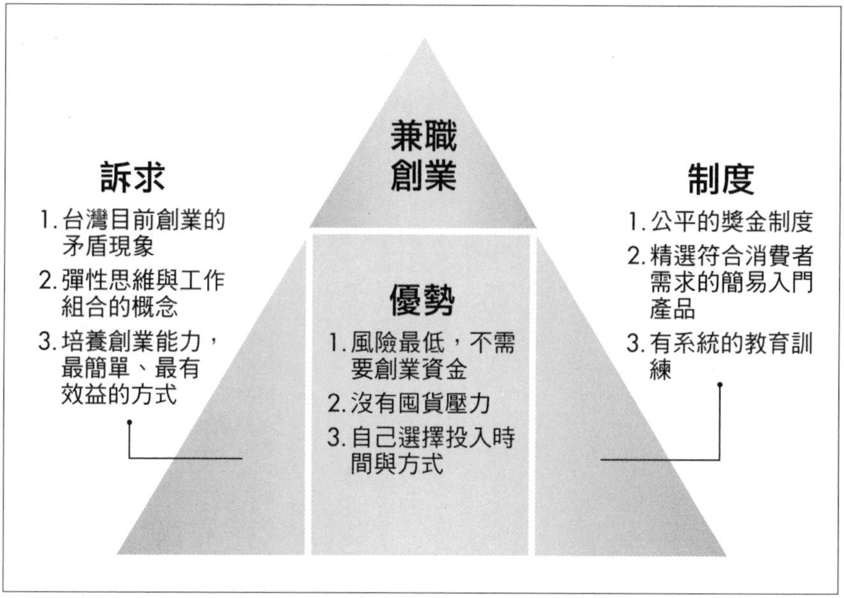
兼職創業
訴求
1. 台灣目前創業的矛盾現象
2. 彈性思維與工作組合的概念
3. 培養創業能力，最簡單、最有效益的方式
優勢
1. 風險最低，不需要創業資金
2. 沒有囤貨壓力
3. 自己選擇投入時間與方式
制度
1. 公平的獎金制度
2. 精選符合消費者需求的簡易入門產品
3. 有系統的教育訓練

表18-1，兼職創業的金字塔結構

我再從公司原本的制度中，拉出三個呼應兼職創業的特色。包括公平的獎金制度、提供完善創業保障、精選符合消費者需求的簡易入門產品，以及有系統的教育訓練，讓創業有步驟與方法。

在三千字的完整論述下，傳達從市場趨勢到公司計畫，經過總部討論之後，確認「兼職創業」是整體訴求。我再跟品牌部門討論，找出最核心溝通的內容，精簡為七百字，做為跨部門開會溝通的共識，根據這個共識訂出行銷方案、教育訓練與產品組合的內容。

有了論述基礎與共識，再進行文案包裝。我從七百字的內容，再濃縮、改寫為廣告折頁、海報文案。例如訴求三大重點：❶生活消費：天然、品質、好安心，❷兼職創業：自由、公平、新機會，❸學習成長：專業、步驟、有方法。不論重點或細部說明，都是三個重點，簡單清楚的文字訴求。

從三千字論述，到七百字精簡文稿，一直到文案標語，都是扣緊「兼職創業」的核心觀點，廣告公司再根據這些內容寫成官網與臉書的文案，便能持續對外溝通。

在這個過程中，我運用了精準寫作的ＲＯＡ思考與寫作流程，同時站在公司與讀者角度，與總經理、產品部門與公關行銷部門密切討論，確定共識，才能進行細節討論，讓新品牌計畫順利運作。

企業寫作個案二：如何為集團企業規畫紀念刊物

如果你是一家成立六十年的集團企業，橫跨十大產業，旗下擁有兩百多家公司，要編一本紀念刊物，該如何對外傳達這六十年的內容，讓讀者深入了解？

這是一個大難題。當時我擔任媒體的創意總監，業務部主管接到這家集團來電，希望我們協助提出六十年紀念刊物規畫案，我們決定先了解顧客需求。

坐在豪華總部辦公室，白髮蒼蒼的副總經理一臉焦慮。由於這個集團橫跨水泥、石化、航運、銀行、電信、百貨、紡織、飯店、醫院與大學，加上六十年歷史、兩百多間公司，實在很難用一本刊物貫穿整個集團多元複雜的內容。內容太複雜了，加上董事長的想法一直轉換，媒體提案的內容也沒有太多新意，導致刊物計畫一直延宕。

我詢問其他媒體的提案內容，是不是每個產業寫一章，十大產業寫十章，加上大事紀、刊物最前頭放圖片？副總猛點頭，頻頻說你怎麼知道？我笑著回答，因為集團太大了，這是最簡單直接的方式。

我當下也沒有想法。我問副總，你們想要司馬光的編年史，還是司馬遷的紀傳體？意思是依照集團發展歷史來寫，還是根據主題來寫？副總回答，編年史太無趣了，希望是有主題來貫穿集團內容。

我問最重要的ROA問題。你們這本紀念刊物想給誰看？目的是什麼？是集團員工自己看，還是給非集團的讀者？副總回答，希望給集團外的人看，例如讓各大公司、投資法人、政府官員認識整個集團，產生認同感。

我們離開前，副總提醒，編輯委員是由兩百多個公司選出的四十位高階主管擔任，他們希望每個公司都能在刊物中扮演重要角色，不能偏漏一家、或獨厚其中一家。

這個任務太艱難了，我私下跟業務主管說，不要接這個燙手山芋。因為沒有要提案的壓力，我在回家路上，反而輕鬆地邊走邊想，這個六十年老牌企業集團，一定要每個產業、每家企業鉅細靡遺的介紹嗎？這樣讀者才不會有興趣。

要如何呈現才有趣？我回想在時尚雜誌《GQ》工作的經驗。每年都會有「Best 100」或「年度A～Z」，介紹整年最精彩美好的人事物，先建立標準與限制，編輯再根據分類列出名單，逐一討論；確認一百個名單之後，才開始拍攝與撰稿。

這些企劃讓我聯想到這家集團的紀念刊物。我靈光乍現，這個集團的Best是什麼？要如何跟讀者有關？我先思考集團目的，應該就是希望產生影響力，讓讀者知道他們對台灣的影響。

我當時發現可以提案了。藉著精準寫作的流程，來呈現提案計畫的構思過程：

精準寫作・定位策略流程圖：如何為集團企業規畫紀念刊物

ROA

讀者（R）	➡	目的（O）	➡	行動（A）
集團外的人	➡	讓各大公司、投資法人、政府官員認識整個集團	➡	產生認同感

主題力　主題定位在普遍、新奇的第一模式 ➡ 集團對台灣產生重要影響、讀者熟悉的大事件

觀點力　集團慶祝六十年歷史，「六十」是關鍵字 ➡ 讓讀者了解集團六十年來，對台灣產生的六十個影響力

結構力　支撐結構的三重點 ➡ ①薪傳②影響③未來

情節力　每個影響力只用兩頁呈現 ➡ 主圖 ＋ 三百字的脈絡與重點

標題力　「XX60，影響60」

主題力：跨十大產業、兩百多家公司、六十年歷史的集團，必須要有一個可以對外溝通的主題，適合對台灣的影響力。主題聚焦到第一個模式，跟他人、整體社會有關的重要外在大事件，讀者才會有興趣。接著主題定位在普遍、新奇的第一模式，這是找出讀者比較熟悉、有趣，也是集團對台灣產生重要影響的事件。

觀點力：影響力要如何聚焦？不能無邊無際，我想起這個集團要慶祝六十年歷史，「六十」是個關鍵字。觀點力就是讓讀者了解集團六十年來，對台灣產生的六十個影響力。

結構力：結構力分兩部分，一個是紀念刊物的結構，另外是六十個影響力的數量龐大，需要有結構來分類，才能有條理地支撐這本刊物。

先思考整本刊物的結構。要支持六十年的刊物，又要滿足集團董事長的需求，將過去、現在與未來串起來，不只談過去的豐功偉業，又要讓讀者想深入了解。我就用時間軸結構貫穿整本刊物，包括薪傳、影響與未來。

❶薪傳：撰寫第一代創辦人與第二代董事長的故事、經營心得，傳達薪傳的意義，並放入集團的大事紀與圖片。

❷影響：影響是這本刊物的重點，讓讀者了解集團十大產業、兩百多家企業的特色。該如何架構這六十個影響力？我認為應該要有六個主題重點，每個重點有十個影響力。這六個主題要夠宏觀有力量，不能只集中在經濟上，才能涵蓋集團的特色與期待。

我最後定為經濟、企業經營、企業社會責任、文化、生活美學與創新，用這六個主題去涵蓋集團產業與旗下公司。

❸未來：讓集團十多個主要公司的總經理談他們未來的經營想法。

情節力：想好結構，再來是如何呈現。因為產業眾多、公司數量龐大，一本刊物不可能包山包海，要如何呈現集團特色，又能吸引讀者？我用過去在時尚雜誌、以及編輯《三一九鄉特刊》的視覺導向經驗，提出版型規畫，每個影響力只用兩頁呈現，一頁主圖、另一頁只用三百字寫出脈絡與重點，最後十多位專業經理人的訪問，也只用兩頁，搭配人物照片與文字。

標題力：提出的刊物名稱

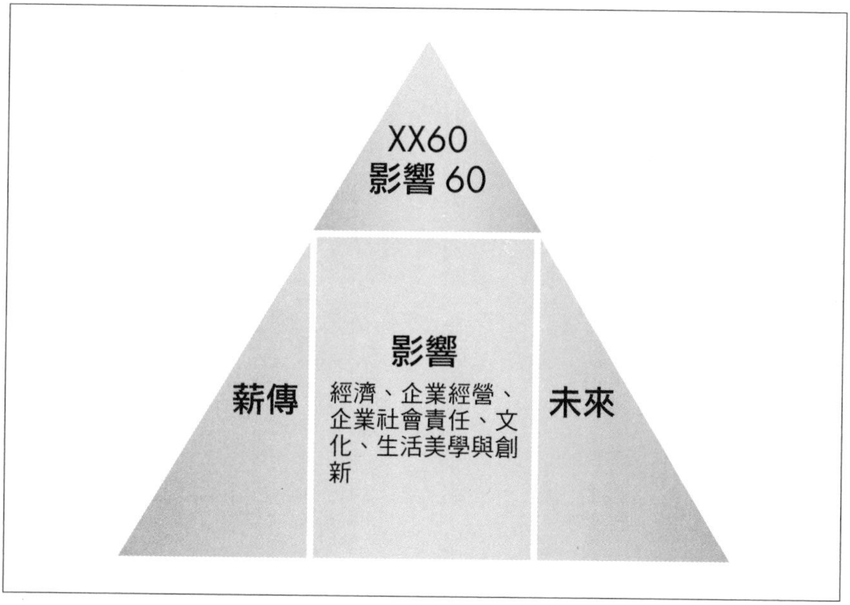

表18-3，紀念刊物的時間軸結構

「XX60，影響60」。

我把整個提案想好，做了版型參考，寫成提案簡報，包括文字編輯、藝術指導與攝影團隊，並提出整體預算，沒想到馬上就被副總經理接受，後來我再提案給董事長，十五分鐘之內就順利通過。

再來才是大難題，那就是要怎麼產出六十個影響力？因為要讓兩百多家公司參與，我把六個主題，包括經濟、企業經營、企業社會責任、文化、生活美學與創新做成表格，每家公司思考討論後，再填在表格上。彙整之後，我再從讀者角度與編輯委員溝通，確認六十個影響力的主題與內容。

確認大方向與影響力的具體內容後，再來就是執行細節。我帶領採訪小組、攝影師與美術設計，開始進行採訪寫作、拍攝與版型設計。

順利完成刊物之後，又意外接到集團另個專案小組的委託。這次是六十週年慶祝活動的需求，在會議上，了解小組要在大型體育館舉辦慶祝活動，發動兩千位員工參與。由於整體活動規畫都是由外商公關公司負責，我好奇我們要扮演什麼角色？

小組負責人說，他們希望在進入體育館之前，有一個時光走廊帳篷，將六個主題、各十個影響力的內容，製作成影片，讓員工可以快速了解集團六十年的歷史，希望我們可以負責文案與影片製作。「因為你們是這本刊物的靈魂，最懂內容。」我們接下這個專案，也順利完成。

這已經是十多年前的事了。刊物完成的兩個月後，我就離開當時的媒體，加上編輯團隊沒有在刊物上掛名，並不知道這本刊物的後續反應。多年後，這家集團再度找我協助高階主管演說培訓，提到這本刊物因為持續被各大公司索取，不斷加印。沒想到，這本刊物成為企業界學習如何製作企業刊物的範本。

我還記得當時在四十多位編輯委員會議上，站起來回答各種疑問、溝通說服的過程。我必須兼顧企業客戶的需求與讀者角度，並維持寫作與編輯的專業，守住大方向，頂多在枝微末節上（例如照片拍攝角度、文字修飾）讓步。

這是我參與企業寫作，學到最有價值的經驗。先建立核心思想，擁有讀者思維，徹底執行精準寫作的技術，就能寫出企業的價值，建立好溝通。

回顧與練習

這堂課談企業寫作對外溝通的三大痛點：缺乏核心思想、讀者思維與寫作技術，以及透過兩個案例來討論，如何從頭到尾將寫作視為工作流程的上游，把複雜抽象的想法轉化成有效溝通的內容。

練習1

企業需求撰稿：如果你接到企業指派的寫作案，例如撰寫品牌形象、招募或商品銷售的文稿，請你練習從ＲＯＡ、主題力到標題力的一連串構思，提出你的寫作計畫。

第19課

企業個案篇（二）

用精準寫作創造競爭力

也許你沒想過，亞馬遜的競爭優勢是寫作。貝佐斯在企業內部有兩個堅持，第一是有效率的內部溝通，第二個是站在顧客角度思考，都在在凸顯寫作的重要性。

貝佐斯曾在二〇〇四年的內部溝通郵件寫著，投影片的訊息有限，對報告人很方便，卻讓聽者不易理解；如果改變形式，用六頁以內，有結構、敘事清楚的備忘錄來做報告，會迫使報告人做出清晰深入的思考，用完整方式表達自己的思想。

貝佐斯還變本加厲，規定報告的寫法。每次亞馬遜發布新特色或產品，貝佐斯要求員工的寫作要比照新聞稿規格，必須從顧客觀點出發，反推如何呈現產品精華。貝佐斯曾經發想每週寄出資訊豐富的電子報給顧客，行銷團隊提出好幾個概念與稿樣給他參考，他發覺某個概念還不錯，卻告訴團隊：「標題要更簡潔有力。有些地方寫得不好，如果你是部落客，靠這個吃飯，肯定會餓死。」

「確實掌握顧客的需求，精確傳達你的想法，做不到這兩點的話，不管你打算推出什麼服務或產品，都無法做出最好的決策。」──《什麼都能賣！貝佐斯如何締造亞馬遜傳奇》引述貝佐斯的說法。

挖掘內隱知識，建立創新力

寫作只是過程，目的是清澈的思考，有條理的呈現，先讓內部溝通順暢、有效整合，才能有效對外溝通。

因此，企業如果透過寫作力提升思考力與表達力，便能建立有效的內部溝通，以及對外的傳達，就能持續提升企業的競爭力。

我自己擔任企業內部培訓講師，就有很深的感觸。從事企業培訓時，常常在廁所看到許多金句名言，例如「長期成功，來自持續專注正確的事物上，每天在一些不起眼的小地方做出改進。」我就會問參與的中高階主管，這是什麼意思？公司內部有什麼具體故事可以呈現這個名言嗎？大家都笑而不答，因為說不出具體內容，變成只是一個勉勵口號。

其實企業本身有許多精彩的故事、需要省思學習的經驗，更有不少動人的妙句名言值得保存流傳。我曾擔任企業高階主管的講師培訓（主管就是內部教育訓練的講師），討論大家遇到的問題，就是學會了說故事技巧，卻不知道如何找出自己的故事，只能用以往外部講師講授的成語故事、轉述的媒體報導故事，因為沒有接地氣，運用與員工切身相關的例子，反而無法提升學習效果。

我就運用自己研發的故事九宮格，讓小組成員互相採訪，將自己發生的經驗，透過有邏輯條理、情節起伏的說故事方式整理出來。我再協助提問、反饋與修正，讓故事有完整的人事時地物脈絡，說明當時遭遇的困難，如何解決的過程，尋求哪些協助，以及最後的省思，這些經驗就能成為有血有肉，有深刻學習的內容。

主管再將這些故事寫成教案，內容要有前因後果，具體的思考，明確的解決方案，以及事後的學習檢討。我也建議主管要透過四處走動、提問與傾聽的方式，有系統地蒐集、整理具體的故事，變成可以對內溝通與訓練的內容。

這些看不見的知識，往往是最重要的創新源頭。日本管理學者野中郁次郎稱為是「內隱知識」（又稱靜默知識），這是相對於書本、可用文字說明的「外顯知識」，外顯知識人人都能掌握，內隱知識是當事人透過實作、揣摩所累積出來的心得與智慧。內隱知識只可意會，不易言傳，類似閩南語的「眉角」，要透過深入互動，類似學徒制的吸收學習，透過細膩的感受、觀察與實作，才能深入了解。

內隱知識就像一個個隱藏的小數據，這是大數據無法取代的能力，要靠自身努力挖掘，從各種小數據找到突破的機會。因為這些隱藏在工作現場、甚至顧客溝通的內容，都需要被詮釋、分析與解讀，再轉化成具體方案，帶來創新機會。

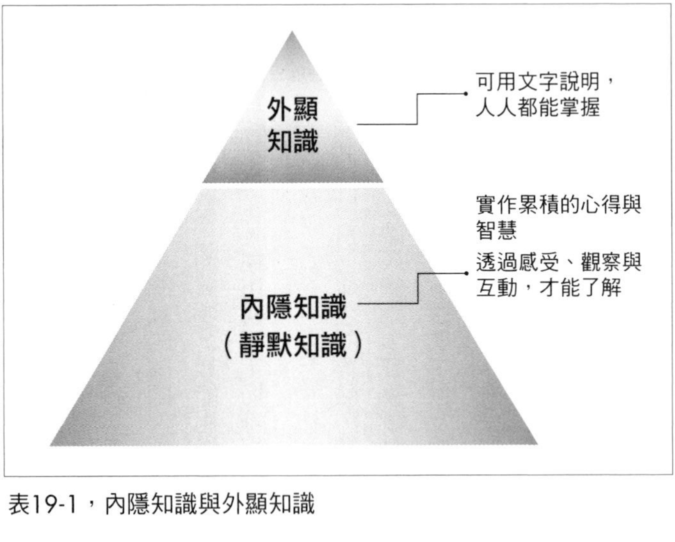
外顯
知識
可用文字說明，
人人都能掌握
實作累積的心得與
智慧
透過感受、觀察與
互動，才能了解
內隱知識
（靜默知識）
表19-1，內隱知識與外顯知識

內隱知識需要運用寫作力轉化為外顯知識，才能推廣到各個部門，促進學習與交流，產生跨部門整合的創新機會。

企業寫作個案：找尋發展曲線，建立傳承

這要如何進行？我提供一個蒐集內隱知識，整理成外顯知識，協助企業溝通傳承的經驗，做為企業應用寫作進行內部溝通的參考。

那是一家成立四十年、營收十多億、製造某種五金產品的傳統產業公司。十多年前，當我還是財經記者時，曾運用知名管理學家克里斯汀生（Clayton Christensen）的「破壞式創新」概念，報導在世界排名第一的台灣中小企業，這家企業就是其中之一。

沒想到十多年後，接到董事長祕書來電，董事長希望找我聊聊。因為十多年不見了，我也好奇他們經營狀況如何，就答應這個邀約。交流之後，才知道他們經歷幾次國際經濟局勢的衝擊，不斷因應調整與創新，依然是世界第一。

面對白髮蒼蒼、高齡近八十歲的董事長，我問他現在最關切什麼？「傳承與接班，」他發現公司經營這麼久，員工人數增加、部門增加，孩子也擔任副總經理，但是沒有一個人能完整了解公司經營的模式，他欣賞我之前以「破壞式創新」的概念分析他們的經營模式，希望我能協助整理四十年來的經營歷史，找出他們的經營模式，能夠傳承給接班團隊，他們才不用費力重新摸索。

我不確定能否完成這個任務，尤其需要大量採訪，了解不同部門的經驗、想法，從紛雜的內隱知識，整理出有系統性的經營模式，實在是很浩大的工程。在董事長的殷殷期盼下，我決定用三個月的時間來完成這個挑戰。

我先進行初步採訪。從董事長、副總經理、各部門主管（研發、設計、行銷、業務、生產）請他們回顧自己在公司的經驗，透過發散的採訪與蒐集資料的過程，逐漸開始聚焦，找出每個階段的變化，以及不同重大事件的影響。例如發生的外在事件，各部門的經驗、立場，再定出具體的主題，再深入擴大採訪更多人。

以下是運用精準寫作的技術，從主題發想，找出金字塔結構到下標題的過程：

主題力：需要找到一個主題架構來駕馭、整理四十年的變化。透過初步了解，他們是透過創新帶動成長，在不同階段有不同成長模式，主題就是找尋成長模式的動力。

觀點力：我發現英國管理學思想家韓第（Charles Handy）的《第二曲線》很實用，他提到企業發展歷程的「S曲線」，一開始的投入階段，是嘗試與實驗時期，投入會大於產出，等到產出提升，成果開始顯現，成長曲線開始上揚，最後曲線會觸及頂峰，開始下滑。

韓第更強調「第二曲線」概念。在第一條曲線尚未觸頂之前，企業就要展開第二曲線，才能充分掌握資源，熬過第二曲線剛開始的滑落（也就是投入階段）。每條新曲線都脫胎於上一條曲線，卻又跨足截然不同的市場。

韓第認為，我們往往受到第一曲線的成功所蒙蔽，沒看到市場新機會，被他人搶得先機。這也就是管理學者克里斯汀生強調的「破壞式創新」，當市場龍頭、先行者進行改良式、維持型創新，就會忽略其他競爭者打破市場規則的破壞式創新，造成後來居上的顛覆

精準寫作・定位策略流程圖：**如何幫企業找出發展曲線**

ROA

讀者（R）	目的（O）	行動（A）
接班團隊	整理四十年來的經營歷史	接班團隊不需重新摸索，即可上手

主題力

主題定位在找尋成長模式的動力

觀點力

S成長曲線的創新模式 ➡ 企業如何運用不同階段的創新特色 ➡ 帶動成長

結構力

找出三條成長曲線 ➡ 產品力創新、多元力創新、設計力創新

情節力

針對以上三重點 ➡ 搭配具體的人事時地物，整理出脈絡

標題力

「打開世界，轉動未來～XX（企業名）40，創新之路」 ➡ 這間公司的五金商品跟旋轉有關，標題配合此特性用了轉動

性效果。

我決定將觀點聚焦在S成長曲線的創新模式，企業如何運用不同階段的創新特色，帶動成長。

結構力：我根據時間軸，透過營收變化、外在事件衝擊的交會點，找出三條成長曲線，並根據經營特色賦予意義，包括第一成長曲線～產品力創新、第二成長曲線～多元力創新與第三成長曲線～設計力創新。這三條S曲線，都必須扣連營收衰退與再次提升的變化，並找出帶動成長的創新力量。

情節力：找出三個成長曲線之後，再來是如何呈現內容。由於這是給公司內部經理人閱讀，過去大家都是站在各個部門立場，比較缺乏整體觀，透過企業發展模式的變化中，看到自己忽略、或是更完整的狀況，比較能建立更好的跨部門討論與共識。

在文章內容細節上，必須呈現具體的人事時地物，從外在大事件影響，例如環境衝擊的危機下（九一一事件、金融風暴），產品研發、業務、行銷、製造各部門的因應狀況與想法，還有哪些契機發生，描述這些來龍去脈、前因後果，將各個面向整理清楚，才有參考性。

標題力：提出的標題「打開世界，轉動未來～XX（企業名）40，創新之路」（使用「轉動」一詞，是因為這家企業的五金產品跟旋轉有關。）

將知識系統化與脈絡化，才能帶動創新

建立整個架構之後，我再逐一訪談，針對同一狀況（例如外在大環境衝擊、新產品研發、掌握大客戶需求、或是發現創新機會），詢問不同部門的經驗與想法，除了校正時空背景，把事情還原清楚之外，我從客觀的訪談與寫作立場，再解讀其中的意義，以及與管理與創新的關聯。

以上是針對這家企業的競爭優勢進行的整理與分析。這份透過採訪、觀察與資料分析的三萬字內容，在企業經營上有三個重要性。

第一是擁有整體觀，跨部門產生共識，建立創新機制。他們原本只是單純的產品力創新，因為要滿足許多產業客戶的需求，逐漸整合部門資源，進展到多元力創新，最後再從研發導向為主，轉成業務、設計、研發與製造相互整合的運作方式，讓組織運作更彈性靈活，不只整合產品的研發設計，甚至考慮到製造流程的效率與良率性，連配合的代工廠商的能力，都能積極整合，帶來運用設計力的創新。

這份報告讓董事長、部門主管有一個討論與學習的基礎，除了能夠對內整合，並成為教育訓練的內容，也是出版四十年紀念刊物的基礎，能夠對外溝通行銷。

第二，從客觀角度提出觀察與建議。我參加他們的月會，發現一些問題。因為都是由各單位報告，最後由董事長總結，沒有太多激盪討論，我就建議要有一位主持人來負責引導聽者跟講者有更多交流、提問與互動，思考對其他部門同仁的幫助與啟發。

這個建議也來自訪談的發現。我聽到一個小插曲，就深入追問細節，找出創新的想法。跨部門團隊一行十多人、第一次集體去日本東京考察七天，從不同角度進行觀察與討論這是過去沒有的經驗，反而激盪很多創新想法。我就建議將見學之旅制度化，定期進行國外考察旅行，並舉行工作坊討論交流，將見聞心得寫成研究報告，讓更多人交流與參考。

第三，企業內部的知識必須被「系統化」與「脈絡化」。企業的創新知識往往很難被系統化，問題在於跨部門的交流有限，經常忙於各個案子，就會忽略透過寫作整理過程與經驗。

如果沒有將每個產品的創新過程，從思考、研發、測試、調整、客戶的問題與需求，加上市場反應與回饋的內容，有系統的整理出來，後續參與的新人、其他不了解的專案團隊，就必須重新開始，浪費時間與資源。

我在訪談中發現，設計部門就有將創意系統化與脈絡化的制度。他們對於腦力激盪的成果，會固定寫成設計公報，並鼓勵每個人要有自我開發的目標，例如一年要提出一兩個、不是業務或客人提出需求的新產品，而是自主開發，可能成為未來的創新產品。但是這個制度沒有擴散到其他部門，我就建議公司要學習設計部，將知識系統化與脈絡化推廣到其他部門。

儘管爬梳出四十年的三條成長曲線，團隊更為關心，下一條成長曲線在哪裡？

我認為，過去是靠業務、研發、製造與設計打下三條成長曲線，但是目前遇到人才招募不易的壓力，由於企業從事傳統產業，相對知名度不夠高，而非一般年輕人所嚮往的高科技業，很難讓外界知道他們的競爭優勢。

我建議公司要將三條成長曲線的創新能力、主要產品與特色故事，放在自己的網站或以其他方式增加曝光，才能有效吸引年輕人才加入，創造下一條成長曲線。

最後，再回到寫作如何創造企業競爭力的課題。人類學家、也是美國《金融時報》主編吉蓮．邰蒂（Gillian Tett），她從人類學角度思考為什麼企業、政府部門、各種團隊的本位主義、缺乏創新，看不到風險與機會，她稱這種築高牆、小圈圈的現象是「穀倉效應」（The Silo Effect）。

要如何破除穀倉效應？她在《穀倉效應》這本書建議，利用跨部門合作專案計畫的機會，讓人員交流、資訊流通；或是安排遊走於不同穀倉部門的「文化譯者」，讓穀倉成員了解外界想法，透過刻意的改變，有助於激發創新、帶來寬廣視野。

文化譯者像個企業內的客觀的人類學家，透過觀察、訪談與寫作，把各部門未曾交流的珍貴訊息、內隱知識，互通有無，甚至解讀詮釋，成為更好的創新情報。

我建議，企業本身要有一個專責部門，定期透過訪談、觀察與記錄整理，將知識與情報透過寫作予以系統化與脈絡化，才能有大量交流激盪、產生更多創新的可能性。

企業要有顧客思維，以及透過寫作磨練的思考、觀察與溝通能力，有脈絡與整體格局，又有邏輯條理的文字表達，才能將散落的沉默珍珠，雕琢串連成項鍊，讓創新之火持續傳承。

回顧與練習

這堂課談企業如何運用寫作、訪談與觀察，促進內部溝通，提升工作效率，以及產生創新的機會。

練習1

簡報應用：能否將你的提案或報告先寫成一篇六頁（約三千～五千字）的文章，再寫成一頁（約六百字）的重點摘要。請運用精準寫作的技術撰寫，寫完後再製作成簡報；但在開會時先將報告發給與會者閱讀，再進行討論。最後再用投影片呈現幾個圖片與圖表，加深同仁印象。看看這個嘗試會不會更有效率。

第20課

結語

刻意練習，寫出你的未來

美國開國元勳之一的富蘭克林，他除了是外交家、科學家與發明家，也是知名的記者與作家。然而他一開始只是印刷廠學徒，與朋友書信往來爭辯想法時，被父親指出文章說服力不夠。

積極好學的富蘭克林並沒有因此氣餒。雖然沒有名師指導，他仍想辦法積極提升寫作能力。他正好讀到一本十八世紀初在英國倫敦流行的雜誌《旁觀者》，對這個雜誌的文章驚歎不已，下定決心要練出這樣的好文筆。

他該怎麼做？他先挑自己喜歡、有獨特風格的文章，抄寫摘要筆記，過幾天之後再嘗試用自己的話複述文章的觀點，再跟原文比對，了解自己的疏漏，再來改進。

富蘭克林不只重視文字技巧，還持續加強寫作結構和邏輯表達。他藉由閱讀《旁觀者》的文章，在不同紙條上寫下每段的重點提示，接著打亂原來的紙條次序，再運用邏輯思考，重新調整那些混亂的提示紙條，最後參考原文比較結果，做為調整自己思考能力的參考。

富蘭克林透過這種有目標的練習，提升自己的寫作能力，也成為美國很知名的作家，甚至開創美國幽默文學的先河。「這個練習強迫他在寫作時謹慎組織思緒，一旦發現思緒整理得不及原文作者，便會修改自己的作品，並從錯誤中學習。」知名心理學教授安德斯·艾瑞克森（Anders Ericsson）在《刻意練習》指出富蘭克林的學習方法。

這是一種有目標、有階段、拆解成不同能力練習的寫作方法。艾瑞克森認為，不論是運動、鋼琴、下棋與寫作，甚至各種專業技能，都可以透過這種有目標、有反思、跳脫自己舒適圈的刻意練習方式，精進自己的能力。

刻意練習，突破舒適圈

如何運用刻意練習的方式來提升寫作能力？首先要說明什麼是刻意練習，這跟一般練習有什麼差異？

艾瑞克森反對「天才既定說」。他認為大腦具有無窮的適應與發展潛力，只要投入足夠的時間、透過有目標、正確方法的持續練習，就能有所進步。

他強調，這種刻意練習是違反一般慣性的做法，不是熟練而已，而是在每個階段設定目標，逼迫自己跳脫習慣的舒適圈，在關鍵細節上逐步精進，讓我們的大腦認知產生結構性變化，藉此重塑神經網絡，讓認知與能力相互配合成長。

艾瑞克森運用「心智表徵」的概念，傳達刻意練習帶來的效果。他解釋，心智表徵就是大腦心智處理訊息的能力，能夠發現看似混亂的表象訊息背後的意義與模式，接著透過理解、詮釋、存入記憶、組織、分析，最後做出決定。比方高手級的棋士看棋盤上的旗子位置，就能看出不同模式，以及有哪些因應方式，然而一般棋手可能只是看出幾個棋子的走勢，無法看到更深遠的布局。

心智表徵也類似本書提出的「脈絡思考」，能從混亂訊息中找出脈絡的能力。因此，高手與一般人的差異在於，前者見林，後者只見樹。「想要躍上自身專業領域的顛峰，這些高階能力是不可或缺的，」《刻意練習》強調。

寫作也能幫助建立心智表徵。艾瑞克森認為，一般的寫作都是「知識陳述」，想到什麼就想什麼，再把想法鬆散地組織起來，開頭有引言，文章有結論，這個結果只是把腦袋中的想法全部告訴讀者。

艾瑞克森對於寫作的刻意練習，也類似本書提出的「ROA」思考術。他認為專業寫作者在寫作前，會站在讀者立場思考，希望讀者獲得什麼？有哪些重要想法值得分享，讀者能得到什麼改變？就此來建立寫作目標、賦予任務，然後再逐步琢磨文章整體結構與邏輯、每個環節的重點，彼此的關聯是什麼？

他以《刻意練習》這本書為例，說明如何建立自己的心智表徵。他對出版經紀人提案時，經紀人不了解什麼是刻意練習，這跟其他練習有什麼差異？艾瑞克森就反向思考，該如何呈現「刻意練習」的內容與特色。

他發現《刻意練習》這本書的觀點，在於透過刻意練習建立一個新的、完善的心智表徵，心智表徵反過來就能有效提升個人的外在技能。透過反覆思索的過程，艾瑞克森對刻意練習的概念又有了新的理解，進而幫助他提升寫作能力。相對於「知識陳述」，他認為這個寫作過程是「知識轉化」，因為能夠改變、增加作者的知識與能力。

艾瑞克森跟富蘭克林一樣，有意識地監督自己的學習過程，找出問題，並提出解決之道，才能持續調整精進，擴大心智表徵的能力。

學好寫作，需要分拆練習

我們再回到這本書的課程設計。我扮演讀者的寫作教練角色。先把寫作能力拆解，每一堂課都有一個目標與主題，並透過刻意練習的方式，有階段、有步驟與目標地逐層練習，逐步建立寫作者的寫作能力，以及相對應的心智表徵。

比方寫作第一步，不是寫作，而是思考寫作策略。先確認讀者是誰，寫作的目的，以及期待讀者看完文章之後的行動。如果沒有這個換位思考的構思，會不知道溝通對象、以及讀者的需求與感受，寫出來的文章就沒有目標與方向，反而白費力氣。

第一步掌握策略大方向，第二步之後，才是由上而下、主題力、重點力與情節力的思考布局。先從發想主題與聚焦主題，找到主題定位之後，接著要反問自己，寫作主題要呈現什麼重點？並運用魚骨寫作法，練習培養自己的段落思考。有了這些基礎，才能運用金字塔結構，打好文章地基與結構，並將相關數據、引述、細節、引人共鳴的文章鋪陳清楚。

有了基礎能力，我們才能再往進階能力邁進。先培養觀點力，能運用一句話傳達自己的想法，再來才是練習下標，這些能力都具備了，我們再精進開場力與結論力，完成寫作的基本功。

這個課程內容，也是我經過三階段寫作教學的刻意練習之後，反思修正所萃取出來的方法。首先，我開了十三期的「深頁十堂寫作課」公開班，以及好幾個媒體的寫作培訓課程，每次的教學、實作與學員的課程表現、課後作業的修改，都是一種反饋與收穫，幫助我持續修正、補強與精進課程內容。

第二階段，我開了線上寫作課程，因為要跟原本實體寫作課區別，逼使我將原本的寫作課程精鍊與濃縮，每堂課只有二十分鐘的時間，要講清楚主題、重點，以及運用視覺表現，簡單具體傳達給線上課程的學員，我必須增加更新、更快速實用的方法。

第三階段，從實體與線上課程的口語傳達內容，要變成文字內容，更是一大工程。除了要跟兩種課程有所區隔，還得重新設定「ROA」，因為對學習者來說，現場互動、線上呈現與閱讀思考，三者是完全不同的溝通介面，需求也不大相同。對於書本閱讀者來說，因為能夠反覆閱讀與思索，我在寫作上更重視邏輯表達與思考。

這本書在寫作上，除了構思與寫作的時間比教公開班和錄製線上課程還長，寫作過程還得跟編輯來回溝通討論很久，才能定稿。奇妙的是，寫書過程中，又反饋到我的現場教學內容，讓學員的學習與實作更簡單具體。例如增加開場力、結論力的模組，幫助學員調整自己的寫作內容，馬上就能看到改變的成果，增加學習信心。

運用寫作力，建立自己的作業系統

透過寫作建立屬於自己的心智表徵，其實也就是建立自己的作業系統，能夠運用在不同職場與行業上。

就像寫作課學員在課程結業之後的討論，整理出三個學習重點：第一，寫作上更深思熟慮，知道對誰溝通，寫作變得更快、更有效率。第二，閱讀上更能掌握重點。大家閱讀書籍文章、新聞、各種資訊，能知道重點與意義，對於冗言贅詞、邏輯不通的內容，能用邏輯思辨找出問題。第三是表達上更精準。寫作訓練思考，幫助大家能夠清楚地說出重點，並能舉例有力的例證、故事來說明。

其實就是先瞭解他人需求，做好自我定位，接著運用邏輯思考化繁為簡、掌握重點，最後是挑選細節與例證，精準傳達，達到溝通與說服的效果。「這種能力像水，在不同職場就變成不同飲料，」一位學員補充。

我有一位學生是國中生物老師，他除了持續保持撰寫文章的習慣，寫作力的訓練，也改變他的溝通與思考模式，甚至還將重點力的練習運用在教學上。

例如以前想講的重點有很多，現在都會先想清楚對象是誰，我要講什麼主題，有幾個重點，補充哪些細節，最後一定要把結論說清楚。

在教學上，他會把給學生閱讀的文章，刪去原有的標題，請學生分組討論，重新找重點，下標題，反而讓學生更投入，還能進一步自行發想很多有趣貼切的標題。「學會閱讀，才能看懂題目，」這位老師說，「從段落中抓重點的技巧，多練習，對他們未來很有用。」

未來，一直在我們眼前。這本書像一個督促大家向前進擊的教練，不是讀完就好，而是要帶著它持續精進練習。

唯有透過寫作的刻意練習，你的未來，才有未來。

回顧與練習

這堂課強調刻意練習的重要性。你就是自己的寫作教練，要分段建立學習目標，有意識地修正與調整，突破原有的舒適圈，才能精進寫作能力。

練習1

完整應用精準寫作：從自定主題、用一句話說出觀點、建立結構，釐清重點、挑選關鍵細節，以及思考開場與結論如何寫，最後為這篇文章下一個精彩動人的標題。

參考書目

前言

《進擊：未來社會的九大生存法則》（*Whiplash: How to Survive Our Faster Future*），伊藤穰一、郝傑夫，天下文化，2018。

第1課

《微寫作：短小訊息的強大影響力，文案、履歷、簡報、網路社交都好用的語言策略》（*Microstyle: The Art of Writing Little*），克利斯多福．強森（Christopher Johnson），漫遊者，2012。

《廣場與塔樓：從印刷術誕生到網路社群力爆發，顛覆權力階級，改變人類歷史的network》（*The Square and the Tower：Networks, Hierarchies and the Struggle for Global Power*），尼爾．弗格森（Niall Ferguson），聯經，2019。

《網路讓我們變笨？數位科技正在改變我們的大腦、思考與閱讀行為》（*The Shallows :What the Internet is Doing to Our Brains*），卡爾（Nicholas Carr），貓頭鷹，2019。

《眾媒時代，我們該如何做內容》（*Everybody Writes: Your Go-To Guide to Creating Ridiculously Good Content*），安．漢德利（Ann Handley），中國人民大學出版社，2016。

《注意力商人：他們如何操弄人心？揭密媒體、廣告、群眾的角力戰》（*The Attention Merchants: The Epic Scramble to Get Inside Our Heads*），吳修銘（Tim Wu），天下雜誌，2018。

《寫作風格的意識：好的英語寫作怎麼寫》（*The Sense of Style: The Thinking Person's Guide to Writing in the 21st Century*），史迪芬．平克（Steven Pinker），商周，2016。

《深度報導寫作》，康文炳，允晨，2018。

《Amazon的人為什麼這麼厲害？：日本亞馬遜創始成員告訴你，他在貝佐斯身旁學到的高成長工作法》（アマゾンのすごいルール），佐藤將之，大是，2019。

《邱吉爾與歐威爾：對抗極權主義，永不屈服！政治與文壇雙巨擘，影響後世革命深遠的不朽傳奇》（*Churchill and Orwell: The Fight for Freedo*），湯瑪斯．瑞克斯（Thomas E. Ricks），麥田，2019。

第2課

《少說廢話：36秒就讓人買單的精準文案》（*Writing Without Bullshit: Boost Your Career by Saying What You Mean*），喬許．柏納夫（Josh Bernoff），三采，2017。

《美國讀寫教育改革教我們的六件事　找回被忽略的R: wRiting 作文爛？這不是學生個別的困境，而是國家需要面對的教育課題！》，曾多聞，字畝文化，2018。

《大腦與閱讀》（*Reading in the Brain*），史坦尼斯勒斯．狄漢（Stanislas Dehaene），信誼基金出版社，2012。

《大師的小說強迫症：瑞蒙．卡佛啟蒙導師的寫作課》（*On Becoming a Novelist*），約翰．加德納（John Gardner），麥田，2016。

第3課

《創意的生成：廣告大師私家傳授的創意啟蒙書（中英對照）》（*A Technique for Producing Ideas*），楊傑美（James Webb Young），經濟新潮社，2009。

第4課

《敘事弧：普立茲獎評審教你寫出叫好又叫座的採訪報導》（*Storycraft: The Complete Guide to Writing Narrative Nonfiction*），傑克・哈特（Jack Hart），新樂園，2018。

《報導的技藝：《華爾街日報》首席主筆教你寫出兼具縱深與情感，引發高關注度的優質報導》（*The Art and Craft of Feature Writing: Based on The Wall Street Journal Guide*），威廉・布隆代爾（William E. Blundell），臉譜，2017。

第6課

《史蒂芬・金談寫作》（*On Writing: A Memoir of the Craft*），史蒂芬・金（Stephen King），商周，2006。

《機會效應：掌握人生轉折點，察覺成功之路的偶然與必然》，洪震宇，時報，2018。

《英文寫作聖經：常春藤英語學習經典《風格的要素》》（*The Elements of Style*），威廉・史壯克（William Strunk Jr.），野人，2019。

第7課

《快思慢想（新版）》（*Thinking, Fast and Slow*），康納曼（Daniel Kahneman），天下文化，2018。

第8課

《教育扭轉未來：當文憑成為騙局，21世紀孩子必備的4大生存力》（*Most Likely to Succeed: Preparing Our Kids for the Innovation Era*），東尼．華格納，泰德．汀特史密斯（Tony Wagner, Ted Dintersmith），時報，2016。

《金字塔原理：思考、寫作、解決問題的邏輯方法》（*The Minto Pyramid Principle: Logic in Writing, Thinking, & Problem Solving*），芭芭拉．明托（Barbara Minto），經濟新潮社，2007。

第9課

《旅人的食材曆》，洪震宇，遠流，2010。

《小說面面觀：現代小說寫作的藝術》（*Aspects of the novel*），E．M．佛斯特（E. M. Forster），商周，2009。

《邱吉爾演講術》（*The Sir Winston Method: The Five Secrets of Speaking the Language of Leadership*），James C. Humes，聯經，1995。

《卜洛克的小說學堂》（*Telling Lies for Fun and Profits*），卜洛克（Lawrence Bolck），臉譜，2008。

《風土餐桌小旅行：12個小地方的飲食人類學筆記》，洪震宇，遠流，2016。

第10課

《走自己的路，做有故事的人：從生活脈絡尋找改變的力量》，洪震宇，時報，2016。

《推理寫作祕笈：暢銷作家傾囊相授的終極書寫心法》（*Writing Mysteries*），蘇・葛拉芙頓，勞倫斯・卜洛克，麥可・康納利，泰絲・格里森，莎拉・派瑞斯基（Sue Grafton, Lawrence Block, Michael Connelly, Tess Gerritsen, Sara Paretsky），馬可孛羅，2018。

《別有目的的小意外：打敗「遺忘」的內容行銷，來自15種好用的認知科學》（*Impossible to Ignore：Creating Memorable Content to Influence Decisions*），卡門・席夢（Carmen Simon），大寫，2017。

第11課

《跟TED學表達，讓世界記住你：用更有說服力的方式行銷你和你的構想》（*Talk Like TED:The 9 Public-Speaking Secrets of the World's Top Minds*），卡曼・蓋洛（Carmine Gallo），先覺，2014。

《TED TALKS說話的力量：你可以用言語來改變自己，也改變世界 TED唯一官方版演講指南》（*TED Talks The Official TED Guide to Public Speaking*），克里斯・安德森（Chris Anderson），大塊，2016。

《21世紀的21堂課》（*21 Lessons for the 21st Century*），哈拉瑞（Yuval Harari），天下文化，2018。

《看出關鍵：FBI、CIA、全美百大企業都在學的感知與溝通技術》（*Visual Intelligence*），艾美・赫爾曼（Amy Herman），方智，2017。

《真確：扭轉十大直覺偏誤，發現事情比你想的美好》（*FACTFULNESS：Ten Reasons We're Wrong About the World--and Why Things Are Better Than You Think*），漢斯・羅斯林（Hans Rosling），先覺，2018。

《反叛，改變世界的力量：華頓商學院最啟發人心的一堂課》（*Originals: How Non-Conformists Move the World*），亞當．格蘭特（Adam Grant），平安文化，2016。
《樂活國民曆》，彭啟明、洪震宇、李咸陽合著，遠流，2011。

第12課

《簡單：打破複雜，創造絕對優勢》（*Insanely Simple：The Obsession That Drives Apple's Success*），肯恩．西格爾（Ken Segall），聯經，2013。
《思辨是我們的義務：那些瑞典老師教我的事》，（*Democratic Education: Nordic experiences for the Taiwanese classroom*），吳媛媛，木馬，2019。
《讀書這個荒野》（読書という荒野），見城徹，先覺，2019。

第13課

《簡潔的威力：注意力短缺時代，說得越少，影響越大！》（*Brief: Make a Bigger Impact by Saying Less*），喬．麥柯馬克（Joseph McCormack），先覺，2014。
《一聽就懂的重點表達術：不只秒懂，還能讓人自發行動的說明力》（大事なことを一瞬で説明できる本），木暮太一，商周，2019。
《文案力：如果沒有文案，這世界會有多無聊？》，盧建彰，天下，2018。
《編輯七力》（修訂版），康文炳，允晨，2019。
《文案大師教你精準勸敗術：在注意力稀缺年代，如何找出熱賣語感與動人用字？（文案寫作聖經

30週年典藏版）》（*The Copywriter's Handbook, Third Edition: A Step-By-Step Guide To Writing Copy That Sells*），羅伯特・布萊（Robert W. Bly），大寫，2017。

第15課

《哈佛寫作課：51位紀實寫作名家技藝大公開，教你找故事、寫故事、出版故事》（*Telling True Stories: A Nonfiction Writers' Guide from the Nieman Foundation at Harvard University*），哈佛大學尼曼基金會（The Nieman Foundation at Harvard University），商業週刊，2017。

《非虛構寫作指南：從構思、下筆到寫出風格，橫跨兩世紀，影響百萬人的寫作聖經》（*On Writing Well: The Classic Guide to Writing Nonfiction*），威廉・金瑟（William Zinsser），臉譜，2018。

《寫出有溫度的文章：想想「讀者是誰」，你的文章才會有溫度，能幫你晉升的商業文章，從丟掉起承轉合開始》（残業ゼロのための N式文章の基準），沼田憲男，大是，2018。

第18課

《不離職創業：善用10%的時間與金錢，低風險圓創業夢，賺經驗也賺更多》（*The 10% Entrepreneur: Live Your Startup Dream Without Quitting Your Day Job*），派翠克・麥金尼斯（Patrick McGinnis），三采，2017。

第19課

《1小時做完1天工作，亞馬遜怎麼辦到的？：亞馬遜創始主管公開內部超效解決問題、效率翻倍

的速度加乘工作法》（1日のタスクが1時間で片づくアマゾンのスピード仕事術），佐藤將之，采實，2019。

《什麼都能賣！貝佐斯如何締造亞馬遜傳奇》（*The Everything Store: Jeff Bezos and the Age of Amazon*），布萊德・史東（Brad Stone），天下，2014。

《第二曲線：英國管理大師韓第的16個思索，預見社會與個人新出路》（*The Second Curve: Thoughts on Reinventing Socie*），韓第（Charles Handy），天下文化，2016。

《穀倉效應：為什麼分工反而造成個人失去競爭力、企業崩壞、政府無能、經濟失控？》（*The Silo Effect: The Peril of Expertise and the Promise of Breaking Down Barriers*），吉蓮・邰蒂（Gillian Tett），三采，2016。

第20課

《刻意練習：原創者全面解析，比天賦更關鍵的學習法》（*Peak: Secrets from the New Science of Expertise*），安德斯・艾瑞克森（Anders Ericsson）、羅伯特・普爾（Robert Pool），方智，2017。

精準寫作：
寫作力就是思考力！
精鍊思考的 20 堂課，專題報告、簡報資料、企劃、文案都能精準表達

作　　者　洪震宇
美術設計　許紘維
版型設計　陳姿秀
內頁排版　高巧怡
行銷企劃　蕭浩仰、江紫涓
行銷統籌　駱漢琦
業務發行　邱紹溢
營運顧問　郭其彬
責任編輯　溫芳蘭、張貝雯
總 編 輯　李亞南
出　　版　漫遊者文化事業股份有限公司
地　　址　台北市松山區復興北路三三一號四樓
電　　話　(02) 2715-2022
傳　　真　(02) 2715-2021
服務信箱　service@azothbooks.com
網路書店　www.azothbooks.com
臉　　書　www.facebook.com/azothbooks.read
營運統籌　大雁文化事業股份有限公司
地　　址　台北市105松山區復興北路333號11樓之4
劃撥帳號　50022001
戶　　名　漫遊者文化事業股份有限公司
初版22刷(1)　2023年8月
定　　價　台幣350元

ISBN　978-986-489-373-7

國家圖書館出版品預行編目 (CIP) 資料

精準寫作 : 寫作力就是思考力! 精鍊思考的20 堂課, 專題報告、簡報資料、企劃、文案都能精準表達 / 洪震宇著. -- 初版. -- 臺北市 : 漫遊者文化出版 : 大雁文化發行, 2020.01
296 面 ; 15×21 公分
ISBN 978-986-489-373-7(平裝)
1. 文書管理 2. 思考 3. 寫作法
494.45　　108022216